普通高校"十二五"规划教材·艺术设计系列

Architectural Design
建筑模型设计与制作

杨丽娜　张子毅 ○ 主　编

陶　宁　李延光 ○ 副主编

U0378229

清华大学出版社
北　京

内 容 简 介

本书是根据环境艺术设计专业教学要求编写的教材。全书分为五章,包括建筑模型概述、建筑模型材料与工具、建筑模型主体制作、建筑模型环境制作以及优秀建筑模型作品案例五大部分,书中着重讲述建筑模型制作的基本理论和基本技法,此外还提供了大量的模型习作及制作实景照片,以便于专业人员参考。本书作者长期从事建筑模型教学工作,熟悉和了解各种教学对象、教学模式与教学方法。本书是作者多年教学经验的结晶,书中的文字、图例编排具有针对性和实用性,阅读使用非常方便。本书主要用作建筑装饰专业、环境艺术专业以及城市景观专业和园林规划专业的教材,也可作为函授和自考辅导用书,或供相关专业人员参考。

图书在版编目(CIP)数据

建筑模型设计与制作/杨丽娜,张子毅主编 . —北京:清华大学出版社,2013(2022.9重印)
　(普通高校"十二五"规划教材·艺术设计系列)
　ISBN 978-7-302-32380-8

　Ⅰ.①建…　Ⅱ.①杨…②张…　Ⅲ.①模型(建筑)-设计-高等学校-教材②模型(建筑)-制作-高等学校-教材　Ⅳ.①TU205

　中国版本图书馆 CIP 数据核字(2013)第 093734 号

责任编辑:朱敏悦
封面设计:汉风唐韵
责任校对:王荣静
责任印制:刘海龙

出版发行:清华大学出版社
　　　　　网　　　址:http://www.tup.com.cn,http://www.wqbook.com
　　　　　地　　　址:北京清华大学学研大厦 A 座　　邮　　编:100084
　　　　　社 总 机:010-83470000　　　　　　　　邮　　购:010-62786544
　　　　　投稿与读者服务:010-62776969,c-service@tup.tsinghua.edu.cn
　　　　　质 量 反 馈:010-62772015,zhiliang@tup.tsinghua.edu.cn
　　　　　课 件 下 载:http://www.tup.com.cn,010-62770175-4506
印 装 者:三河市君旺印务有限公司
经　　销:全国新华书店
开　　本:185mm×230mm　　　印　　张:10.5　　　字　　数:208 千字
版　　次:2013 年 6 月第 1 版　　　　　　　　印　　次:2022 年 9 月第 9 次印刷
定　　价:49.00 元

产品编号:050335-01

前　言

　　随着社会的发展和科技、经济的不断进步,建筑模型日益成为在艺术设计和建筑设计教学中不可或缺的教学手段,并因其对建筑作品的展示所起的作用而被广大同仁所认可,究其原因,它不仅能取其他表现手法之所长,更能形象、深入、客观、准确地表达事物,能将表现事物的内容与形式有机地结合在一起,通过借助材料、工艺、色彩等表现手法,以独特的形式,向人们展示一个全新、立体的视觉形象。

　　建筑模型是一种理性化、艺术化的创作过程,它要求模型制作人员,一方面,具有丰富的想象力,同时具有高度概括的能力;另一方面,要熟悉建筑模型的材料、工具及制作方法;最重要的是要求制作者能将设计者的设计理念理解透彻,将制作工艺与设计灵魂融为一体,唯有这样,才能通过理性的思维、艺术的加工,准确完美地表达建筑设计者的设计意图,并通过建筑模型将建筑作品微缩地展现出来。

　　本书试图遵循建筑模型设计、制作的规律,以课堂实践教学为母体,结合模型公司制作的实例,将科学的、合理的、艺术的诸要素结合起来,纳入到建筑模型设计与制作的理念中来。

编　者　张文毅

2012 年 12 月

目　录

第一章
建筑模型概述

学习要点及目标:

⇨ 了解并掌握建筑模型的概念。
⇨ 掌握建筑模型的类型。
⇨ 了解建筑模型的作用与制作原则。

核心概念:

⇨ 建筑模型概念　建筑模型类型　建筑模型制作原则

建筑模型作为建筑设计的研究与表现手法之一,伴随着高速发展的数字信息化已经进入了一个全新的发展阶段,无论在建筑设计领域、房地产开发业、工业厂矿领域还是高等院校艺术与建筑学专业的教学研究中,建筑模型日益被广大同仁所重视。其原因在于建筑模型扬其他表现手法之所长、避其他表现手法之所短,有机地将表现形式与设计内容完美地融合在一起,以其独特的魅力向人们展示了一个全新的、立体的视觉形象。

第一节 建筑模型的概念与作用

一、建筑模型的概念

建筑模型的概念

建筑是人类生活与发展的基本保障,也是人类文明进步和经济发展的重要标志。现代建筑不仅具有满足人类生产、生活的使用价值,同时还具有营造环境、创建和谐社会的审美价值,由建筑而构成的环境所形成的艺术品是一种其他任何艺术品所无法比拟的伟大奇迹。无论是古代的宫廷建筑、现代的摩天大厦,还是微缩的建筑模型,只要其构思巧妙、工艺精湛,都会使人过目不忘、惊叹不已,都能够满足人们的审美需求,激起人们的消费欲望。

建筑模型是在保证建筑原有形态的基础上,按一定的比例及特征,将二维平面的建筑设计图纸转化为三维立体空间的形式,它采用易于加工的材料形象地表达了建筑形态、空间和色彩之间的关系,以及建筑与地形地势、建筑与环境之间的关系,准确地传递了设计师的设计意图。如图 1-1 所示,表达了建筑与环境之间的关系,图 1-2 表达了建筑与地形之间的关系。

图 1-1 建筑与环境之间的关系

点评：图 1-1,沙盘充分表达了现代商业建筑的结构与形态、建筑与空间及建筑环境的色彩搭配之间的关系,将整个区域内商业建筑的氛围表达得美轮美奂。

图 1-2　建筑与地形之间的关系

点评：图 1-2，建筑群坐落在山体之上，四周环海，沙盘除详细地表现了建筑群落的细部特征外，将重点放在了表达建筑与环境之间的关系，整个沙盘从大处着手，形象准确地表述了山路地形与建筑群组之间高差错落的地势关系。

　　建筑模型缘起于军事作战中。1811 年，普鲁士国王菲特烈·威廉三世的文职军事顾问冯·莱斯维茨，用胶泥制作了一个精巧的战场模型，他用不同的颜色在战场模型中，把道路、河流、村庄和树林分别表示出来，并用不同的小瓷块来代表军队和武器，将其陈列在波茨坦皇宫里，以用来进行军事讲习。后来，莱斯维茨的儿子在其父制作的战场沙盘的基础上，利用沙盘、地图表示地形地貌，以算时器计算军队和武器的配置情况，并按照实战方式进行策略谋划。这种"战争博弈"就是现代沙盘作业的雏形。从 19 世纪末到 20 世纪初，沙盘主要用于军事训练，第一次世界大战后，才在实际生活中得以运用。如图 1-3 所示为现代某军事地形沙盘，图 1-4 为西藏军事沙盘模型。

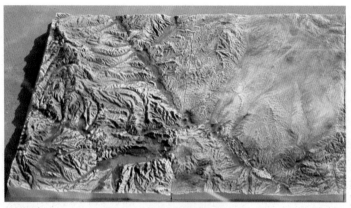

图 1-3　现代某军事地形沙盘

点评：图 1-3，为现代某军事地形沙盘，利用简单的颜色，按照地形等高线，将山脉、河流、绿地准确地表述，为军事演习提供了形象直观的资料。

图 1-4　西藏军事沙盘模型

点评：图 1-4 为西藏某军事沙盘模型，同样利用简单的颜色，将军事战略中的道路、山川、河流、树林等地形地势表现出来，以便于指挥官在军事演习中进行指挥训练。

在建筑设计研究阶段，借以模型作为辅助手段缘起于 19 世纪后期，西班牙著名建筑师安东尼·高迪设计的米拉公寓。如图 1-5、图 1-6 所示，整个沙盘通过精准的比例，微缩地将米拉公寓全貌展现于世人面前。20 世纪 20 年代，现代主义建筑崛起，建筑被看作是在空间运动的一种体验,模型随之成为建筑设计过程中一种重要的手段,伴随着"包豪斯"团队及以勒·柯布西耶为代表的建筑师们逐渐意识并重视实体建筑模型在方案设计中的应用,使得模型逐渐成为建筑设计及教学领域当中重要的方法及内容。尽管当下,计算机三维技术以自身的优势被广泛应用于建筑设计与表现过程中,但实体模型以自身的直观感受及真实体验仍具有不可替代的优越性,二者的完美结合,使得建筑设计及表现手法更加丰富多彩,模型展示效果更加生动逼真。如图 1-7 所示为重庆会展中心沙盘,图 1-8 为中原名都住宅小区。

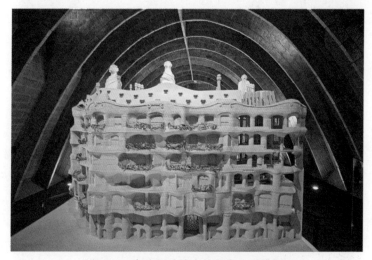

图 1-5 高迪设计的米拉公寓正面模型

图 1-6 高迪设计的米拉公寓背面模型

图 1-7 重庆会展中心模型

点评：图 1-7 重庆会展中心沙盘，通过概念的手法，利用线与面的结合，将会展中心的曲线形建筑形态及建筑体量，与周围景观环境之间的比例关系清楚地表述出来，沙盘整体色调统一和谐，制作者有意将景观处理的相对弱化，以迎合建筑概念的表达手法，从而突出会展中心现代建筑的美感。

图 1-8 中原名都住宅小区沙盘

点评：图 1-8 中原名都住宅小区，整个沙盘通过丰富的色彩及多种材质的综合运用，并借助灯光亮化手段，以写实的手法，将小区建筑群组高低错落的关系、居住建筑的外观形态，以及小区建成后道路交通、景观规划及商住区的分布情况，清晰明了地展现出来，作为表现类模型，通过形象的展示，为商品房的销售起到很好的宣传作用。

二、建筑模型的价值

建筑模型运用现代科学技术、多种材料及加工方法，按照一定比例，以特有的微缩手法形象逼真地表达了建筑细部、建筑结构、建筑形态、建筑主体及建筑与环境、城市景观、城市规划等空间的立体空间效果。它是建筑设计、教学研究、城市建设、房地产开发、商品房销售、设计投标、招商合作、业绩宣传的重要手段与载体，具有很高的实用与审美价值。

首先，建筑模型设计不仅仅是在建筑设计完成之后将其展现出来，而是伴随建筑方案的产生，通过最初草图阶段的概念模型扩展到可分析和修改的研究模型，最后形成正式模型。在这个过程之中，建筑模型有助于建筑结构、建筑形式、建筑材质的分析与研究，相对于二维空间表现手法它直观地传递了设计者的设计构思想法，通过多维度空间对建筑模型的推敲与分析有助于设计者设计思路的发展和完善。从此种意义上来说，建筑模型是设计师捕捉灵感、完成整个建筑方案的重要载体。如图 1-9 和图 1-10 所示的建筑方案模型。

图 1-9 建筑方案模型

点评：图 1-9 设计师借助纸材的易加工性,在建筑方案的研究阶段,通过纸制模型,可以对建筑的形式、建筑结构、建筑空间内部组成有一个很好的、直观的分析研究,为其日后建筑方案的最终完善起到良好的辅助作用。

图 1-10　建筑方案模型

点评：图 1-10 整个模型采用单一材质,设计者采用 ABS 板作为主要原料,利用 ABS 板的易加工性,精雕细刻将建筑表面的不规则形态、建筑结构的复杂性及建筑细部的可斟酌性,详尽准确地表述出来,可供设计者在建筑最终建成之前,进行不断的修复与完善,以期达到最终建筑的尽善尽美。

其次,艺术设计专业的学生是未来设计师的储备力量,大学期间的学习会为其走上日后的工作岗位奠定一定的学习基础。课堂中学生通过对综合材料的运用将一些易于加工的材质、运用多种表达手法将其设计思路以更加直观、形象的方式表达出来,有助于学生建立立体空间思维方式;鼓励学生尝试新材料、新方法,将材料通过手工或机械的加工处理,形成具有转折、凹凸变化的表面形态,有助于拓展学生的设计思维方式;通过对建筑模型表层的物理与化学手段的处理,会产生惟妙惟肖的艺术效果,有助于培养学生审美情趣。如图 1-11 所示为多种材质综合运用,图 1-12 为几何体的概念穿插。

图 1-11　多种材质综合运用

点评：图 1-11 整体沙盘色调简洁统一，建筑主体借助纱网与木材的搭配运用，完美地表现了建筑设计中线、面、体的形态美，通过此沙盘的制作，可以增强学生审美及创造的能力。

图 1-12　几何体的概念穿插

点评：图 1-12 为学生课堂习作，建筑主体借助几何体线、面的简单概念性穿插，利用简练的造型语言，将建筑的形态表达出来，这种方式可以培养学生快速造型的设计能力。

再次，建筑模型也是建筑设计作品展示的重要表现形式。从微观上讲，建筑模型设计不单单是建筑结构乃至局部的表现，它还是建筑单体及群体外部造型的表现形式；从宏观上讲，它还包括建筑与周边环境之间的关系，比如居住小区设计、园林设计、景观设计、城市规划设计等等。因此，当建筑模型作为建筑业的配套行业得以迅速发展时，建筑模型就已被广泛应用在建筑方案投标、公众展示、房地产开发与销售、城市规划、业绩展示等各方面。如图 1-13 为某体育场外部结构表现，图 1-14 为某仿古建筑局部表现，图 1-15 为建筑单体表现，图 1-16 为建筑群体表现，图 1-17 为居住小区环境景观表现，图 1-18 为居住小区规划表现，图 1-19 为商住区内景观表现，图 1-20 为江津双福新区规划图。

图 1-13　某体育场外部结构表现

点评：图 1-13，该模型用以表现某体育场建筑的结构形态，模型色调整体概括统一，又不乏建筑外部框架结构的精细刻画，整个沙盘以突出建筑主体为主旨，辅以周边配景环境的简练表达，使得沙盘表现主次分明，内容丰富。

图 1-14　某仿古建筑局部表现

点评：图 1-14，仿古建筑组群，整个模型颜色统一，为突出组群中局部八角亭台及入口处，设计者利用色彩及局部结构细致表现的方式，将其与其他部分区分表现。

图 1-15　建筑单体表现

点评：图 1-15，为学生的课堂习作，这是建筑单体的表现，模型采用单纯的色彩、简洁的手法，面与面穿插的形式，概括地将建筑单体表达得惟妙惟肖。

图 1-16　建筑群体表现

点评：图 1-16 整组模型以 ABS 板作为主要材料，借助于计算机雕刻技术，表现了整个建筑组群相互之间的高低错落，及整体建筑的风格样式。

图 1-17　居住小区环境景观表现

点评：图 1-17 模型不仅将建筑错落关系表现出来，还将小区的道路、景观十分清楚明了地表达出来，以突出小区建成之后，绿地景观的规划特色。

图 1-18 居住小区规划表现

点评：图 1-18，将小区景观略加展示，而突出小区建成后，小区内整体布局规划统一的主要特色。

图 1-19 商住区内景观表现

点评：图 1-19，沙盘局部表现，以景观设施、绿地规划为重点，详细表述了江边广场内景观设施布置及与道路之间的关系。

图 1-20　江津双福新区规划图

点评：图 1-20 为江津双福新区规划图，它以概念模型的展示手法，将新区内建筑与绿地规划、河流湖泊、地形地势如实的展现出来，为人们了解建成后的新区功能分布及地理概貌起到一个很好的、直观的展示作用。

第二节　建筑模型的类型

　　建筑模型种类繁多，不同的角度有不同的分类方法。比如以用途分类，可以分为设计类模型、表现类模型和工业建筑类模型等；从使用材料角度上分，可以分为纸质模型、塑料模型、木质模型、金属模型、吹塑模型、综合材料模型等；从制作工艺的角度上分，可以分为雕刻机雕刻模型、手工制作模型等；从表达内容的角度上分，可以分为建筑单体模型、小区规划模型、城市规划模型、园林模型、室内展示模型、厂矿模型、码头模型、桥梁模型等。综合以上划分标准，本书将会从模型用途与模型材料两方面进行分类。

一、按用途分类的模型

建筑模型按其用途可以分为：设计类模型、表现类模型、特殊用途类模型和工业建筑类模型等。

1. 设计类模型

设计类模型是设计师设计思维的一种展现，在设计过程中设计师通过模型创作可以使设计思想取得进一步发展和完善。根据设计思维的产生、发展及完成的过程，设计类模型相应可分为：(1)草图阶段的概念模型；(2)研究阶段的扩展模型；(3)方案完成的终结模型。

(1)草图阶段的概念模型

草图阶段的概念模型又可分为体块模型和框架模型两种。体块模型是指在研究建筑形态时，借助于体块来表现建筑的体量关系及分析、衡量建筑与周边环境之间的比例关系。如图 1-21 和图 1-22 的建筑群落分析，图 1-23 和图 1-24 的建筑体量分析。框架模型是在建筑方案研究阶段，对于特殊的建筑结构，借助框架的表现形式，对建筑结构的合理性及可行性进行研究。图 1-25 和图 1-26 为建筑结构分析图。

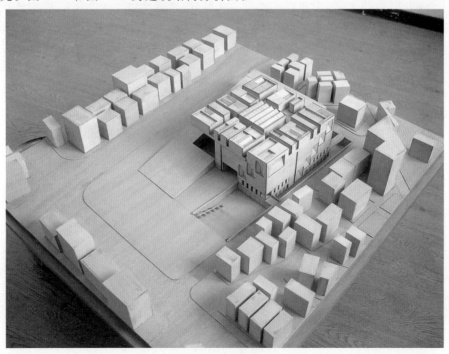

图 1-21 体块模型-建筑群落分析 1

图1-22 体块模型-建筑群落分析2

点评：图1-21、图1-22，整组模型采用木质材料，以概念的手法表达了建筑群总体的规划方案，并将建筑局部进行刻画，用以研究主体建筑的结构形式及建筑群之间高低错落、前后远近的关系。

图1-23 体块模型-建筑体量分析1

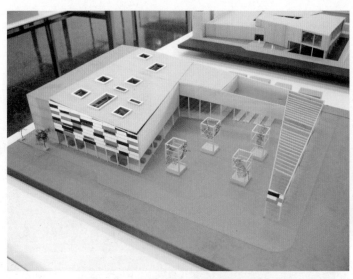

图 1-24　体块模型-建筑体量分析 2

点评：图 1-23、图 1-24，通过线与面的组合，利用几何形体组合穿插的形式，将建筑的结构穿插及体量关系很好地表述出来，为方案的研究及建筑的最终实现，起到很好的辅助分析作用。

　　框架模型指在分析建筑结构时，借助于模型框架来剖析建筑结构的可行性。

图 1-25　框架模型-建筑结构分析图 1

点评：图 1-25 模型借助木条将建筑以框架形式展现出来，用以研究建筑结构的可行性及合理性。

图 1-26　框架模型-建筑结构分析图 2

点评：图 1-26，在图 1-25 的基础之上，采用部分建筑结构外露、部分建筑表面赋以材质的形式，将建筑形式与建筑结构形成对比，这两组模型的组合，一方面可以用来剖析及展示建筑结构的可行性，另一方面也为研究建筑表面形态起到直观的辅助作用。

案例分析：

　　国家体育场坐落于奥林匹克公园建筑群的中央位置，地势略微隆起。它如同巨大的容器。高低起伏的波动的基座缓和了容器的体量，而且给了它戏剧化的弧形外观。体育场的外观就是纯粹的结构，立面与结构是同一的。各个结构元素之间相互支撑，汇聚成网格状——就如同一个由树枝编织成的鸟巢。在满足奥运会体育场所有的功能和技术要求的同时，设计上并没有被那些类同的过于强调建筑技术化的大跨度结构和数码屏幕所主宰。体育场的空间效果新颖激进，但又简洁古朴，从而为 2008 年奥运会创造了史无前例的地标性建筑。

　　整个体育场结构的组件相互支撑,其灰色矿质般的钢网以透明的膜材料覆盖,其中包含着一个土红色的碗状体育场看台。在这里,中国传统文化中镂空的手法、陶瓷的纹路、红色的灿烂与热烈,与现代最先进的钢结构设计完美地相融在一起。

　　"鸟巢"外形结构主要由巨大的门式钢架组成,共有 24 根桁架柱。国家体育场建筑顶面呈鞍形,长轴为 332.3m,短轴为 296.4m,最高点高度为 68.5m,最低点高度为 42.8m。在保持"鸟巢"建筑风格不变的前提下,新设计方案对结构布局、构建截面形式、材料利用率等问题进行了较大幅度的调整与优化。

　　整个建筑在方案构思阶段,尤其是在结构研究阶段,经历了设计者大量的反复实验、研究,在这里建筑模型为方案的最终完成与实现起到了一定的辅助作用。图 1-27 所示即为鸟巢模型制作过程图,图 1-28 为鸟巢模型完成图,图 1-29 为鸟巢建成照片。

　　案例来源:百度 互动百科。

(1)　　　　　　(2)　　　　　　(3)

(4)　　　　　　(5)　　　　　　(6)

(7)　　　　　　(8)　　　　　　(9)

图 1-27　鸟巢模型制作过程图

图片来源:长沙市城乡规划技术论坛

点评：图 1-27，步骤(1)～(9)详细地记录了鸟巢模型从平面开始到整个建筑模型完成的全部过程。

图 1-28　鸟巢模型完成图

图 1-29　鸟巢建成图

（1）研究阶段的扩展模型，是待建筑方案确定后，一方面用以研究建筑的细部及转折点、关键处的衔接；建筑的结构、比例的合理性；建筑的横向剖切、纵向剖切的关系。另一方面在建筑方案确定后，推敲建筑内部空间时，也可借助于扩展模型中的"剖面模型"来分析室内空间纵向交通的方便性及室内平面布局的合理性。如图 1-30 所示为室内布局平面分析图，图 1-31 为楼层布局横向分析图。

图 1-30　室内布局平面分析图

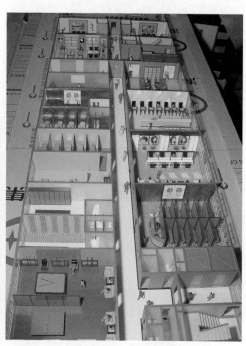

图 1-31　楼层布局横向分析图

点评：图 1-30，模型展示了住宅建成之后，两室一厅的空间布局格式，并通过材料的选用，家具的精细制作，将住宅室内空间的风格加以确定，同时将人流路线予以合理分布。

点评：点评：图 1-31，横向展示了办公建筑建成之后，同一楼层各空间分布的合理性、室内空间风格的确立、室内家具布置及动态流线的走向情况。

（2）方案完成的终结模型，待建筑方案全部敲定后，在研究建筑与环境的关系时，可借助于"终结模型"来说明建筑与周围景观布局关系的整合性。图 1-32、图 1-33 和图 1-34 即为建筑与环境关系分析图。

设计类模型的设计与制作，不拘泥于材料与工艺，通常选用单一材质、浅色材料来完成。也不要求制作上有极高的精确度，只求比例准确，能够合理地处理设计中所遇到的各类问题,起到辅助方案的完成,准确表达设计者的设计意图即可。

图 1-32　建筑与环境关系分析图

点评:图 1-32,是学生的课堂习作,模型制作中建筑与景观均采用概念的表现手法,主要研究方向在于突出建筑与景观之间的比例及建筑形态与景观造型的和谐统一性。

图 1-33　建筑与环境关系分析图

图 1-34 建筑与环境关系分析图

点评：图 1-33、图 1-34 是学生课堂习作，整体模型选用单纯的色彩、简洁的造型，制作中设计者主要想传递一种建筑溶于自然"天人合一"的设计理念。

2. 表现类模型

表现类模型是建筑作品形象展示的艺术语言，它的设计与制作有别于设计类模型，通常它依托于设计方案的总图、平面图、立面图及剖面图，按照一定比例，精确微缩。这类模型要求做工精巧、表现细致，其材料的选择、色彩的搭配、绿化的处理、灯光的配置等通常都要根据原方案的设计构思，进行加工处理。由于这类模型其形象特征表现得更加直观、完整和生动，更加注重表现力。因而其常被应用于建筑报建、投标审定、施工参考、楼房销售等领域，具有一定的保存和使用价值。图 1-35 和图 1-36 即为表现类模型。

图 1-35 表现类模型

点评：图1-35，模型做工精细，建筑结构表达清晰，并准确表述了建筑与周边道路、桥梁之间的关系，为建筑的施工及投标审定起到了很好的展示作用。

图1-36　表现类模型

点评：图1-36，小区建筑及规划模型，模型制作逼真，将建筑与景观、地形之间的关系表述得详尽，并通过灯光亮化处理，将建筑风格及小区整体规划，表述得惟妙惟肖，为小区的销售起到良好的宣传作用。

3. 特殊用途类模型

特殊用途类模型常指具有特定用途、特定功能的展示类模型。像西安的"大明宫含元殿复原图"（图1-37、图1-38）、"万国来朝图"（图1-39），深圳的"世界之窗"（图1-40）等都属于大型的具有特定展示功能的微缩模型。在这些微缩模型面前，人们可以一天游览世界，一步穿

图1-37　大明宫含元殿复原图

图1-38　大明宫含元殿复原图局部

<table>
<tr><td>图 1-39　万国来朝图</td><td>图 1-40　世界之窗</td></tr>
</table>

越时空，世界的著名建筑、建筑文化、历史文化、祖国的大好河山，一览无遗。

4. 工业建筑类模型

工业建筑类模型是指用于展示厂矿、桥梁、港口、地铁剖面等具有特殊用途的模型，通常用于厂矿、厂区内展览，或博物馆、科技馆内展示。此类模型制作逼真、形象直观，分为静态和动态两类，动态模型利用电子、机械及现代装饰艺术手段，使动态模型具有照明、音效、喷泉、流水、运转等动态效果。如图 1-41、图 1-42 所示为大庆油田采油流程微缩模型，图 1-43 为桥梁与环境模型，图 1-44 为厂矿模型，图 1-45 为桥梁断面模型，图 1-46 为桥梁模型。

图 1-41　大庆油田采油流程微缩模型

图 1-42　大庆油田采油流程微缩模型

点评：图 1-41、图 1-42 属于典型精细动态模型范畴。用于厂区展览厅内展示，将采油流程微缩、细致地表现出来。既可以用于展览参观，也可以用于技术研究。

图 1-43　桥梁与环境模型

点评：图1-43，采用细腻的表达手法，清楚地表述了桥梁及建筑的结构，同时将桥梁穿过建筑横跨江面的磅礴气势展现得恰到好处。

图1-44 厂矿模型

点评：图1-44，属于工业建筑模型中的静态模型，将油库厂区内厂房之间的位置、距离等平面规划通过逼真的手法，真实地表现出来，作为厂矿展示模型，对于进场参观者起到直观便捷的作用。

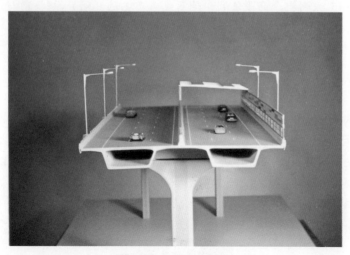

图1-45 桥梁断面模型

点评：图 1-45，通过桥梁的断面展现，将桥梁结构清楚表达，为桥梁的设计及施工提供了真实可见的第一手资料。

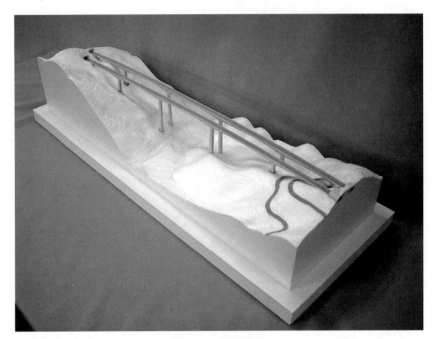

图 1-46　桥梁模型

点评：图 1-46，采用概念的手法利用等高线来表现地形地势，将桥梁与地形之间的嫁接关系及桥梁的结构形态如实客观地反映出来。

二、按材料分类的模型

　　材料有着各自的特性及表现语言，不同的材质制作出同一模型，给人的感官效果也不尽相同。按材料进行模型分类，主要是利用材料属性，根据模型表现内容，选择适合材料，根据在制作中所采用的主要材料，对模型进行分类。按照材料的种类可以将模型分为黏土模型、石膏模型、纸质模型、木质模型、塑料模型、金属模型、胶片模型、复合材料模型等。如图 1-47 和图 1-48 所示为黏土模型，图 1-49 为纸质建筑模型，图 1-50 和图 1-51 为木质模型，图 1-52 和图 1-53 为塑料模型，图 1-54 为金属模型，图 1-55 为复合材料模型。

图 1-47 黏土模型

图 1-48 黏土模型

点评：图 1-47，图 1-48 同为黏土模型。图 1-47，利用黏土的易塑性，将欧式教堂的结构及比例关系表述详尽。图 1-48 利用黏土的仿古性及淳朴自然的天然属性，来表现唐朝人物的衣着外表，整组模型人物表情生动，动作丰富，细腻逼真地再现了当年唐大明宫含元殿修建时的场景。

图 1-49 纸质建筑模型

点评：图 1-49，整组模型巧妙利用纸材的天然属性，精雕细刻地将世界著名建筑通过纸上雕刻予以再现。

图 1-50　木质模型

点评：图 1-50，唐大明宫含元殿展示模型，借助木材天然纹理，将中国古建筑的木质结构表现得入情入理，并借助亮化处理将唐代建筑的恢弘大气及唐代的繁荣盛世表达得淋漓尽致。

图 1-51　木质模型

点评：图 1-51，整组模型为小区展示模型，制作中采用木质表现小区建筑，利用木材的天然纹理及色彩，辅以相应的景观配置，表现出一组色调典雅、整体感觉艺术氛围浓厚、颇具味道的现代居住小区。

图 1-52　塑料模型

点评：图 1-52，整体模型以有机玻璃为主材，利用有机玻璃本身的通透性，将桥梁建筑的复杂结构展现得一览无遗，增强了模型的可研究性及可观赏性。

图 1-53　塑料模型

点评：图 1-53，为学生课堂习作，学生首次接触建筑设计，利用 KT 板材的易裁切性，将东北农村住宅的特点，简要准确地表述出来，对学生日后进行建筑设计研究起到良好的铺垫作用。

图 1-54　金属模型　　　　　　　　　　图 1-55　复合材料模型

点评：图 1-54，为现代军事模型，模型表现了航空母舰的军事布置情况，借助于金属材质自身的质感特点，将军事的高科技感、精密感恰到好处地表达出来。

点评：图 1-55，通过多种材料的综合运用，利用不同材料的质感，将商场的造型、结构、色彩及其周围景观设施完美地表现出来。

第三节　建筑模型制作的原则

建筑模型在现代艺术设计教学和实践领域中应用广泛，它涉猎门类齐全，涵盖内容众多,从城市的整体规划模型到室内的细节模型都有所涉及,因此,为满足各门类模型制作的需求,在具体制作过程中应遵循以下基本原则:

一、科学性的制作原则

建筑模型虽属艺术类范畴,但它不同于一般的艺术创作,它是介于感性创作与理性制作二者之间,且首先强调理性的制作程序。在设计类模型中它应遵循建筑的设计法则,满足其结构、造型、体量的研究性需要,主要本着以研究为目的进行制作;而在表现类、特殊用途类及工业厂矿类模型制作中,则应尽量真实、客观地反映设计者的设计理念,不允许有主观的夸张、变形及失真现象。如图 1-56、图 1-57 所示。

图 1-56　表现类模型

点评:图 1-56,模型制作精细,准确地表述了建筑与水岸之间的落差关系,以突出江南水乡之特色景致。

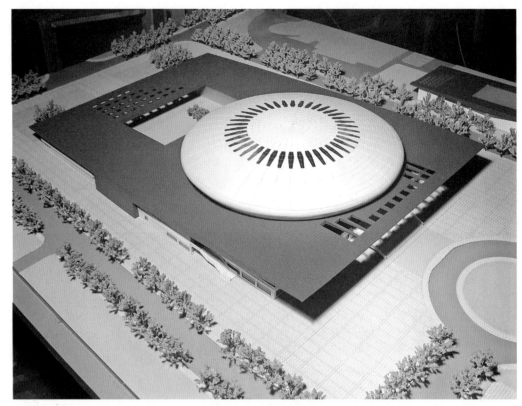

图1-57　设计类模型

点评：图1-57，模型细致地表现出体育场的结构与体量，通过与周围景观之间的体量对比，以凸显体育馆的宏伟壮观气势。

二、艺术性的制作原则

　　建筑模型制作过程中虽应遵循严谨科学的制作程序，体现出建筑物与环境之间客观、真实的关系，又要有别于对建筑物与环境实体简单的抄袭。它要求设计制作者通过运用巧妙构思、精心制作、并借助各种材料合理的完成，使其成为一件具有一定艺术性、微缩的建筑与环境实体，建筑模型需以其立体形态和表面材质来表现出建筑物与环境之间真实的造型形态，给人以美的感受。如图1-58所示是东星国际展销中心，图1-59是杭州市行政中心沙盘。

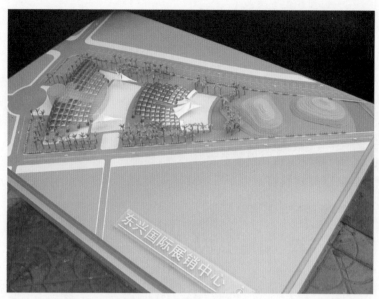

图1-58　东星国际展销中心

点评：图1-58，东兴国际展销中心沙盘，以艺术再创造的手法，将展销中心与周围景观之间的关系详细地表述出来，整个沙盘不仅注重客观真实表述建筑物与景观之间的关系，还注意到在整幅沙盘中的用色统一及构图布局的比例关系，使整幅沙盘制作严谨又不乏意境。

图1-59　杭州市行政中心

点评：图 1-59，沙盘借助艺术表现语言中点、线、面、体的手法将建筑细节及建筑与周边环境展现出来，以突出建筑主体行政中心的庄重严肃。

三、工艺性的制作原则

为了达到科学性与艺术性的完美结合，建筑模型在制作过程中讲究规整、精细，制作中需选择相应、合理的材料以达到对模型的充分表现，同时还应选择先进的工具及适合的加工工艺，以达到精雕细刻，将建筑模型生动自然地展现出来。如图 1-60，图 1-61 所示。

图 1-60　表现类模型

点评：图 1-60，沙盘制作中选用亚克力板材质，以其材质自身的通透性，并借助于雕刻机的精细雕刻，将建筑结构细部表现得淋漓尽致，也突出了整组建筑群的建筑形态统一性及建筑结构技术的高科技性。

图 1-61　表现类模型

点评：图 1-61，模型制作色调风格统一，并借助水面波纹与喷泉的巧妙处理，将水的碧波荡漾表现得栩栩如生，从而使沙盘锦上添花。

第四节　本章小结

本章主要介绍了建筑模型的概念、建筑模型的类型及建筑模型的制作原则，通过本章的学习，使学生对建筑模型的发展历程及制作类型有了一个初步的了解，为以下内容的学习打下良好的基础。

第五节　本章习题

思考题：

1. 复习思考建筑模型的发展大体上经历了怎样的过程？

2. 复习思考建筑模型的概念、内容是什么？

3. 从不同角度，举例说明建筑模型的类型有哪些？

第二章
建筑模型的材料与工具

学习要点及目标：

⇨ 了解并掌握建筑模型的材料种类。
⇨ 了解建筑模型的制作工具种类。
⇨ 掌握建筑模型材料的应用原则。

核心概念：

⇨ 建筑模型材料　模型制作工具　模型材料应用原则

　　由于建筑模型种类众多、表现方法各异，使得制作中所选用的工具与材料也不尽相同，作为模型制作过程中的重要物质基础，不同类型的材料所具有的质感、色泽、光感等表情特征也不尽相同，只有通过对材料表情的恰当理解，合理选择工具，才能够准确地表达设计者的意图，描述建筑及建筑与周边环境、建筑与地形地势之间的关系，可以说材料与工具的合理选用是展示建筑模型效果的重要载体与途径。

第一节　建筑模型的材料

尽管模型材料种类繁多,但都具有相同的特性,即都具有色泽、厚度、表面纹理等特征。若单从材料自身来分就可以将建筑模型分为很多种类型,因此材料的合理选用决定了模型的形态、空间和色彩,因此应充分挖掘不同的材料,发挥其不同特征,使得建筑模型因材料的多样性而具有更加丰富的表现力与创造力。

建筑模型设计与制作过程中常涉及的材料包括以下几大类:

一、纸材

由于纸材质地较为柔软,便于裁切,因此适合于制作设计类模型,在建筑设计方案阶段和教学领域经常用到。但因材质易变性和破损性、不易保存,因此在使用过程中又有所受限。下面将常用纸材的种类简单介绍一下。

1. 卡纸、纸板

卡纸是对单位重约 $150g/m^2$ 以上,介于纸和纸板之间的一类厚纸的总称。此类纸纸面较为细致平滑、坚挺耐磨。如图 2-1、图 2-2 所示。

图 2-1　卡纸 1

图 2-2　卡纸 2

纸板又称板纸,是由各种纸浆加工成的纤维相互交织组成的厚纸材。纸板和纸的区别通常以单位重和厚度来区分,一般将单位重超过 $200g/m^2$、厚度大于 0.5mm 的统称为纸板。根据用途纸板可分为纸箱板、黄纸板、白纸板等。如图 2-3、图 2-4、图 2-5 所示。

图 2-3　纸箱板

图 2-4　黄纸板

　　卡纸、纸板主要用于模型设计方案阶段建筑的体量研究与建筑结构的穿插研究,在纸制模型中,还可根据纸的颜色、厚度做建筑设计、桥梁道路设计及地形地势、地面铺装等的设计研究。

　　2. 瓦楞纸

　　瓦楞纸是由挂面纸和通过瓦楞辊加工而形成的波形的瓦楞纸黏合而成的板状物,一般分为单瓦楞纸板和双瓦楞纸板两类。见图 2-6。

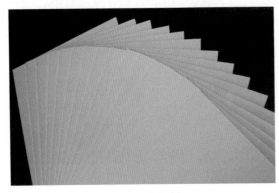

图 2-5　白纸板

图 2-6　瓦楞纸

　　瓦楞纸根据其形象特征主要用于制作纸质模型中的屋顶,还可用于墙面造型及地形地势的设计。

3. 装饰纸

装饰纸在产品结构中是放在表层纸下面,主要起提供花纹图案的装饰作用和防止底层胶液渗透的覆盖作用。装饰纸表面平滑、色调均匀,颜色鲜艳,图案丰富。见图2-7。

装饰纸因具有高仿真性,常被用于粘贴建筑模型的墙体面、室内外地面铺装等部位。

图 2-7 装饰纸

二、木材

木材是建筑模型制作中最具代表性的材料之一,具有质地轻、质感细腻,易于造型的特点,同时因具有天然的色泽及纹理,常被用于深入加工处理,来表现建筑模型结构细节、园林景观设施及地面铺装等部位。常见型材有实木板材、木条、实木方料、薄木板等。

1. 实木板材

实木板材是采用完整的木材制成的木板材,它坚固耐用、纹路自然、色泽圆润是优中之选,但由于价格较为昂贵,因此实际利用率并不高。实木板一般按照实木名称进行分类,一般没有统一命名标准。见图2-8。

实木板通常以木线条、木棒形式,通过机械加工进行切割、雕刻,可达到精致效果。通常用于模型当中的表现类模型、特殊用途类模型的主体建筑制作。见图2-9、图2-10。

图 2-8 进口实木板材

图 2-9 实木条

2. 人造板材

人造板材顾名思义就是利用木材在加工过程中产生的边角废料,通过添加化工黏接剂制成的板材。此类板材种类很多,常用的有纤维板、细木工板、胶合板、薄木贴面板、铝塑板、美案板等。

（1）纤维板

纤维板是用木材或植物纤维为主要原料,加入添加剂和黏结剂,在加热加压条件下,压制而成的一种板材。其结构均匀,板面平滑细腻,容易进行各种饰面处理,尺寸稳定性好,芯层均匀,厚度尺寸规格变化多,可以满足多种需要。根据密度不同,纤维板分为低密度、中密度和高密度板。一般型材规格为1220mm×2440mm,厚度3～25mm不等。如图2-11所示。

图 2-10　实木方料　　　　　　　　　　　　　图 2-11　纤维板

（2）细木工板

细木工板俗称大芯板,它是利用天然旋切单板与实木拼板经涂胶、热压而成的板材。从结构上看,它是在板芯两面贴合单板构成的,板芯则是由木条拼接而成的实木板材。一般常用规格为1220mm×2440mm,1220mm×1220mm,厚度为5～30mm不等。如2-12所示。

（3）胶合板

胶合板是由木段旋切成单板或木方刨成薄木,再用胶粘剂胶合而成的三层板或三层以上的板状材料。其常用规格为1220mm×2440mm,厚度分别为3mm、5mm、7mm、9mm等。如图2-13所示。

（4）薄木贴面板

薄木贴面板是胶合板的一种,是新型的高级装饰材料,利用珍贵木料如紫檀木、花樟、楠木、柚木、水曲柳、榉木、胡桃木、影木等通过精密刨切制成厚度为0.2～0.5mm的微薄木片,再以胶合板为基层,通过先进的黏结剂和黏结工艺制成。如图2-14所示。

图 2-12　细木工板

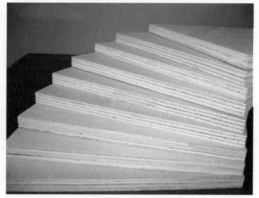

图 2-13　胶合板

（5）铝塑板

铝塑板是以经过化学处理的涂装铝板为饰面材料，用聚乙烯塑料为芯材，在专用铝塑板生产线上加工而成的复合材料。铝塑板种类繁多，色彩丰富、艳丽。常用规格为 1220mm×2440mm。如图 2-15 所示。

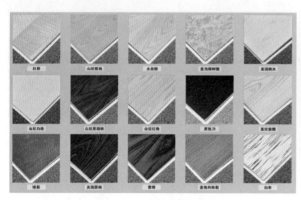

图 2-14　薄木贴面板

图 2-15　铝塑板

在模型制作过程中纤维板、细木工板、密度板等常被用于表现类模型、特殊用途类模型及工业厂矿类模型的底盘及模型展台基础的制作，而薄木贴面板、铝塑板等常被用于制作模型底盘的边框及模型展示展台的表面部分。

三、塑料

塑料是合成的高分子化合物，又可称作高分子，即一般俗称为塑料或树脂。由于塑料具有自重轻、易加工,种类繁多、易上色、耐腐蚀等优点,因而在建筑模型设计制作中,属于常用材料之一。它可广泛应用于建筑主体、地形地势、环境景观等方面的制作。在建筑模型制作中常用的塑料有 KT 板、泡沫塑料板、PVC 板、ABS 板、亚克力板、有机玻璃板等。

1. KT 板

KT 板是一种由 PS 颗粒经过发泡加工形成板芯,然后在其表面覆膜压合而成的一种新型材料,因其板体挺括、轻盈、易加工、不易变形,因此被广泛应用。常用规格:宽 900mm~1200mm,一般长为 2400mm,颜色主要以黑白色为主,也有红色、蓝色、黄色、绿色等。如图 2-16。

2. 泡沫塑料板

泡沫塑料板又称聚乙烯泡沫板、EPS 板、多孔塑料板,是由含有挥发性液体发泡剂的可发性聚苯乙烯珠粒,经过加热预发后在模具中加热成型的白色物体,具有微细闭孔的结构特点。分为软质和硬质两种。如图 2-17、图 2-18 所示。

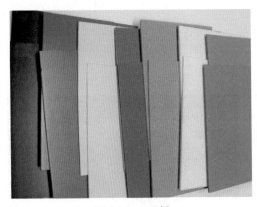

图 2-16　KT 板

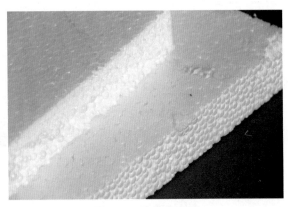

图 2-17　泡沫塑料板

3. PVC 板

PVC(聚氯乙烯)是由氯乙烯单体经自由聚合而成的聚合物,简称 PVC。因具有防腐、防潮、防霉、不吸水、可钻、可锯、可刨、易于热成型、热弯曲加工等特性,因此在建筑模型设计中被广泛应用。

PVC 板分为软质和硬质、透明与不透明,硬质 PVC 板颜色一般为灰色与白色,也有彩色板,彩色板色彩艳丽,常见规格为厚度:1~30mm,长×宽:2440mm×1220mm。

透明 PVC 板颜色有白色、宝石蓝、茶色、咖啡色等多种,常见规格为厚度:2~20mm,长×宽:2440mm×1220mm。

软质 PVC 板,表面光泽,柔软性好,有棕色、绿色、白色、灰色等多种颜色,常见规格为厚度:1~10mm,长×宽:2440mm×1220mm。如图 2-19~图 2-21 所示。

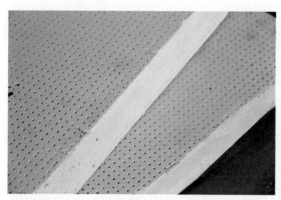

图 2-18　聚乙烯高压泡沫塑料板

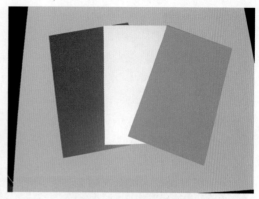

图 2-19　硬质 PVC 板

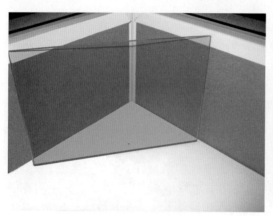

图 2-20　硬质透明 PVC 板

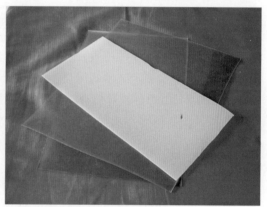

图 2-21　硬质有色透明 PVC 板

4. ABS 板

ABS 塑料板是板材中新兴的一种材料,具有不易变形、易染色、成型加工和机械加工性好、连接简单、无毒无味等特性。常规颜色为米黄色、黑色、白色与透明色,其中透明 ABS 板材透明度非常好,打磨抛光效果极佳,是建筑模型制作中的首选材料,根据不同厚度可以手工切割、亦可以机械雕刻。常规厚度为:1~20mm,长×宽:2000mm×1000mm。见图 2-22。

5. 亚克力板

亚克力板也叫 PS 板,俗称有机板。此板质轻、不易碎、耐老化性能强、透明度较高,可用锯、钻、刨等进行加工,具有良好的热塑加工性。常见颜色为透明色、湖蓝色、绿色、茶色、乳白色等。常规厚度为:2~12mm,长度:卷板 30~50m,宽度:1220~2100mm。如图 2-23所示。

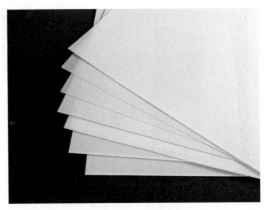

图 2-22　ABS 板

图 2-23　亚克力板

6. 有机玻璃板

有机玻璃板材,俗称有机玻璃。是一种透光性极强的热塑性材料。具有耐热性、抗寒性、尺寸稳定、易于加工等特点。种类分为镜面板、透明板、颜色板和透明颜色板。镜面板常见的颜色是金色和银色。常规厚度为:1~6mm 不等,长×宽:1830mm×1220mm。透明板的透明度为 93%,颜色板颜色种类丰富,透明颜色板具有透明板和颜色板的特性,在模型制作中以上三种材料的常规厚度为:2~12mm 不等,长×宽:1250mm、1850mm、2440mm×1220mm。如图 2-24 所示。

在模型制作过程中,KT 板因易加工常在教学领域中被广泛应用,主要用来制作地形、地势,也可用于表现等高线等部位。泡沫塑料板主要用来制作地形、地势等部位。也可用于设计类模型中的体块模型的制作。ABS 板、PVC 板、有机玻璃板、亚克力板因易加工、易上色、色彩丰富等自身特性,可被用于手工制作或数控雕刻制作于建筑主体、室内家具、建筑门窗、室外景观、园林公共设施等部位。

四、制模材料

制模材料是建筑模型制作过程中的基础材料之一,具有质感粗糙、易于成型等特点,同时因材质自身色泽及特性还可根据实际需要制作出不同的肌理效果。常见制模材料有石膏、黏土、腻子等。

1. 石膏

石膏是一种重要的化工原料,通常为白色或无色,有时也有红色、黄色、绿色、青色、白色、蓝色等颜色,是建筑模型制作过程中常用材料之一。

石膏可用于地形、地势及曲面、概念模型等的翻模制作,亦可起到填充剂的作用。见图 2-25。

图 2-24 有机玻璃板

图 2-25 石膏

2. 黏土

黏土即为含沙粒很少、有黏性的土壤。黏土的可塑性很强、易存放、便于着色。模型制作中常用种类有纸浆黏土、树脂黏土、最高级树脂黏土、油黏土、土黏土、石粉黏土、木质黏土等。

（1）纸浆黏土

纸浆黏土由纸浆、胶质、长石和纤维等多种成分组成。颜色通常为白色，干燥后可用水彩、亚克力、油彩等加以着色，无须烘干，干燥后的质感介于陶土和石膏之间，易保存不变形。既可雕刻，又可附着于各种材质粘贴、塑形，并和石材、木材、玻璃都能很好搭配，应用十分广泛。见图 2-26。

（2）树脂黏土

树脂黏土又称面粉黏土。它以天然聚合物为主要原料，颜色为半透明色，性质柔软，韧性极佳，可塑性高，质感强烈，用法简单，可用油画颜料、丙烯颜料进行着色。见图 2-27。

图 2-26 纸浆黏土

图 2-27 树脂黏土

　　纸浆黏土和树质黏土可用于制作室内外家具模型及人物和车辆等的制作。见图 2-28。

　　(3) 石粉黏土

　　石粉黏土具有质地细腻,伸展性好等特点,干后有强度,且有石的质感。易塑、易雕。模型制作中最适合人形及室内壁饰的制作。如图 2-29、图 2-30 所示。

图 2-28　纸浆黏土模型

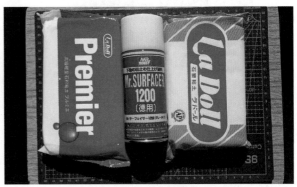

图 2-29　石粉黏土

　　3. 腻子

　　腻子又做填泥,是用于平整物体表面的一种装饰凝材料。模型制作中主要用于模型缝隙的填充和修补缺口之用。如图 2-31。

图 2-30　模型人物

图 2-31　腻子

五、金属材料

金属材料常见种类为钢、铁、铜、铝、锌、锡等,有板材、管材与线材之分。由于对加工设备及加工环境等方面有较高的要求,绝大多数的金属类模型,需要在专业的模型制作工作室中使用配套工具如电锯、电钻、电磨、电焊枪等,通过切割、钻孔、打磨、焊接等程序加以完成。因此,金属类模型多数由专业的模型制作室或模型公司加工完成。如图 2-32～图 2-37所示。

图 2-32 铜线

图 2-33 铁线

图 2-34 铁线

图 2-35 铝板

图 2-36　锌板

图 2-37　锡棒

六、着色剂

建筑模型因其逼真、细腻而达到超仿真效果,这一点除了与建筑模型本身做工精细及材料合理的运用有着直接关系外,还与模型的颜色形象的运用有着重要关系。除了模型材质本身天然的色泽外,大多数的颜色都需要后期调至上色,因此颜色对于模型起着至关重要的作用,建筑模型的着色颜料通常有丙烯颜料、自喷漆、硝基漆等。

(一)丙烯颜料

丙烯颜料是颜料粉调和丙烯酸乳制成的,属于人工合成的聚合颜料,因此,丙烯颜料种类丰富,如亚光丙烯颜料、半亚光丙烯颜料和有光泽丙烯颜料及丙烯亚光油、上光油、塑型软膏等。丙烯颜料具有速干、易操作、色泽饱满、浓重、鲜润、保存时间长等特点,因此在课堂教学中被广泛用到,同时在专业模型制作工作室中,对于小面积着色部分也常常被使用到。如图 2-38 所示。

(二)自喷漆

自喷漆又名气雾漆,是将油漆通过特殊方法处理后进行高压灌装,以便于喷涂的一种油漆,也叫手动喷漆。因其喷涂后平整性好、遮盖力强、保光、保色性能优良、易着色、操作简单,因而在模型制作过程中被广泛应用。值得一提的是自喷漆在喷涂前应充分摇匀漆液,如若一次使用不净,应将漆罐倒置喷涂几秒钟,以确保清除喷嘴余漆,防止喷嘴堵塞。自喷漆如图 2-39 所示。

七、黏接剂

黏接剂是指同种物质之间或异种物质表面用黏接方式而使两种物质连接在一起的技

术。它是确保模型黏接牢固、质量合格的重要物质保障。针对所需黏接材质的不同在选择黏接剂时也有不同标准。模型制作中常用黏接剂有乳白胶、502、401、立时得、万能胶、三氯甲烷、U胶（见图2-40）、101胶等种类。

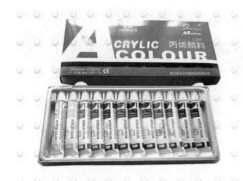

图2-38 丙烯颜料

图2-39 自喷漆颜料

1. 乳白胶

乳白胶又名聚醋酸乙烯乳液，是一种水质胶，具有黏结力强、黏度适中、无毒、无腐蚀、无污染、用途广泛等特点，是现代绿色环保型胶黏剂品种，为建筑模型制作中常用黏接剂之一。图2-41。

图2-40 U胶

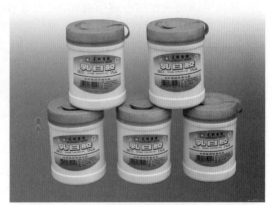

图2-41 乳白胶

2. 502胶

502胶是一种以氢基丙烯酸乙酯为主的瞬间固化黏合剂。具有无色透明、低黏度、不可燃等特点，适用于多孔性及吸收性材质间的黏接，如金属、塑胶、橡胶、木材、陶瓷、皮革等材质的黏接。如图2-42所示。

3. 401 胶

401 胶水是一种高强度、快速黏接剂，可适用于多种材质之间的快速黏接，特别适用于木材；对于多孔性材质，例如橡胶、金属、塑胶等可达到最强的黏接效果。401 胶水如图 2-43 所示。

图 2-42　502 胶　　　　　　　　　　　　　　图 2-43　401 胶

4. 万能胶

万能胶是一种应用面很广的黏合剂，可以对橡胶、皮革、织物、纸板、人造板材、木材、泡沫塑料、陶瓷、混凝土、金属等自黏或互黏，因其粘贴应用范围广泛，而得名万能胶。见图 2-44。

5. 二氯甲烷

二氯甲烷是一种无色透明液体，遇光有易挥发性、低毒、不燃但对塑料制品如 ABS 板有瞬间黏接之作用，因此在模型制作中被广泛应用。见图 2-45。

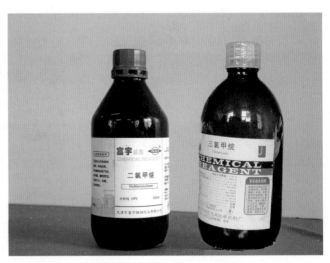

图 2-44　万能胶　　　　　　　　　　　　图 2-45　二氯甲烷、三氯甲烷

第二节　建筑模型的制作工具

　　建筑模型制作的精细与否、设计意图表达的准确与否,除了需要对材料的熟知、合理运用外,对模型工具的了解也是必不可少的,"工欲善其事,必先利其器"说的就是这个道理。总体来说建筑模型的制作工具可分为两大类:测绘工具和切割工具。

一、测绘类工具

　　1. 测量工具种类:丁字尺、直尺、三角板尺、钢尺、直角尺、千分尺、游标卡尺、高度尺、卷尺、比例尺、分规等。如图 2-46～图 2-50 所示。

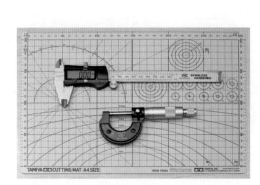

图 2-46　上为电子游标卡尺、下为千分尺

图 2-47　高度尺

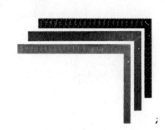

图 2-48　直角尺

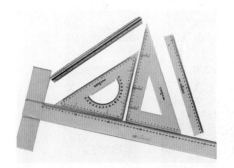

图2-49　丁字尺　三角板尺　比例尺　直尺

图 2-50　分规

2. 绘制、喷涂工具种类:圆规、钢针、各种型号面相笔、针管笔、渗线笔、喷笔、防毒面具和口罩、气泵等。如图 2-51~图 2-55 所示。

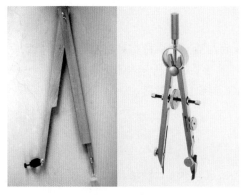

图 2-51 圆规

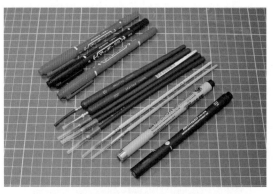

图 2-52 各种型号面相笔、针管笔、渗线笔

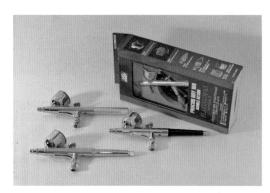

图 2-53 喷笔

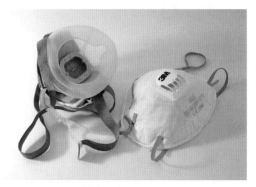

图 2-54 防毒面具和口罩

图 2-55 气泵

3. 工具使用简述：

（1）丁字尺、直尺、三角板、钢尺、直角尺为常规测量兼绘制工具；

（2）千分尺、游标卡尺、高度尺为精细测量工具；

（3）卷尺、比例尺为常用测量工具；分规可用于测量、画线以及在有机玻璃板、ABS 板等塑料板材上画圆使用；

（4）圆规、钢针用于塑料板材上刻线、画圆之用；

（5）各种型号的面相笔、针管笔、渗线笔用于勾线与局部刻画之用；

（6）气泵、喷枪、防毒面具和口罩用于模型的喷涂与着色之用。

二、切割类工具

1. 剪切类：各种规格切割垫板、笔刀、刻线针、美工刀、勾刀、介纸刀、圆规刀、瑞士军刀、多功能钳、指甲钳、手术剪刀等。如图 2-56～图 2-63 所示。

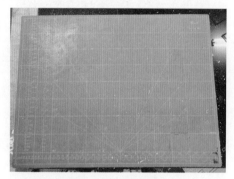

图 2-56　切割垫板

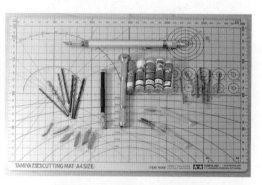

图 2-57　上为笔刀、下为刻线针

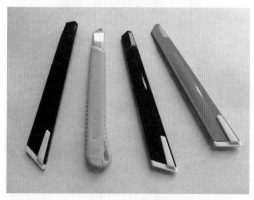

图 2-58　美工刀

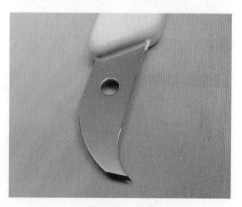

图 2-59　勾刀

图 2-60　介纸刀

图 2-61　圆规刀

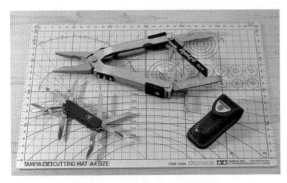

图 2-62　瑞士军刀、多功能钳

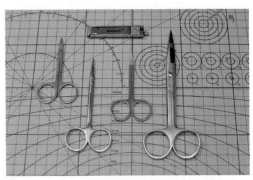

图 2-63　上为指甲钳、下为多规格手术剪刀

2. 钳类：尖嘴钳（不带刃口和带刃口两种）、斜嘴钳、平口钳、多功能钳、老虎钳、钢丝钳、薄刃剪等。如图 2-64、图 2-65 所示。

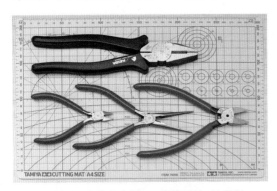

图 2-64　上为老虎钳、下为薄刃剪、长嘴钳
（不带刃口）、斜嘴钳

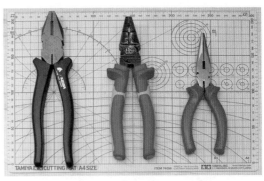

图 2-65　老虎钳、钢丝钳、长嘴钳
（带刃口）

3. 切割类：钢锯、弓形锯、手提线锯机、电锯、切割机等。如图 2-66～图 2-70 所示。

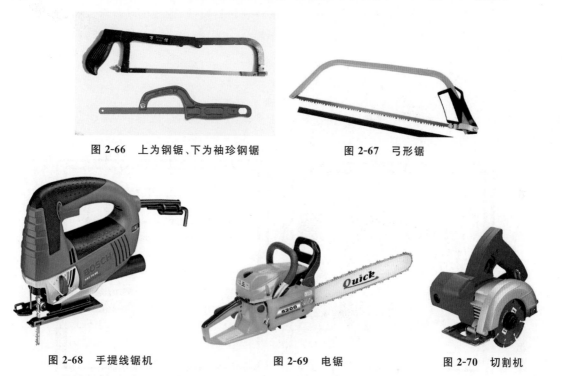

图 2-66　上为钢锯、下为袖珍钢锯　　　　　图 2-67　弓形锯

图 2-68　手提线锯机　　　　　图 2-69　电锯　　　　　图 2-70　切割机

4. 工具使用简述：

（1）切割垫板为塑胶材质，是专门用来充当切割平台的工具；

（2）笔刀具有笔一样的外形，可以用刀片来割掉模型水口的多余部分；

（3）介纸刀、美工刀、勾刀用于切割材料，其中勾刀还可用于勾缝使用；

（4）圆规刀用于切割圆形，且切割圆的直径最小为 4mm，最大为 23mm；

（5）多规格手术剪刀、进口指甲钳用于剪切、修剪材料使用；

（6）尖嘴钳（不带刃口）用于拿捏材料使用，尖嘴钳（带刃口）用于剪切单股细铁丝线使用；

（7）斜嘴钳用于剪断材料使用；

（8）平口钳又名机用虎钳，是一种通用夹具；

（9）多功能钳是集老虎钳、活络扳手、大力钳为一体的多功能工具；

（10）老虎钳用于剪断坚硬材料和金属线使用；

（11）钢丝钳又名花腮钳、克丝钳。用于夹持或弯折薄片形、圆柱形金属零件及切断金属丝，其旁刃口也可用于切断细金属丝；

（12）薄刃剪，斜嘴形状，用于电缆、钢丝的剥线、断线之用；

（13）弓形锯，手提线锯机用于木材、塑料的片材进行直线、曲线的切割以及打孔切割；

（14）电热切割机用于电热金属及电弓切割硬质泡沫、海绵、滤网、化纤布等材料。

三、打磨类工具

1. 手动工具：大、小什锦锉、金刚梅花锉、指甲锉、扁锉、方锉、圆锉、半圆锉、砂纸等。如图 2-71～图 2-74 所示。

图 2-71　小什锦锉、金刚梅花锉、指甲锉

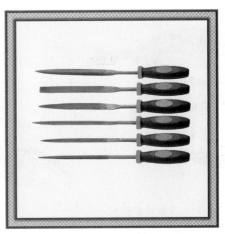

图 2-72　大什锦锉

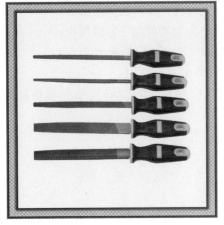

图 2-73　方锉、半圆锉、扁锉

图 2-74　砂纸

2. 工具使用简述：

（1）锉刀主要用于对金属、木料、皮革等表层做微量加工。其中扁锉用于打磨模型材料的平面、外曲面；方锉用于打磨凹槽、方孔；三角锉用于打磨三角槽 60°以上的角面；半圆锉用于打磨模型内曲面、大圆孔及与圆弧相接的平面；什锦锉用于锉削或修整金属材料的表面和孔、槽，还可用于修整螺纹或去除毛刺；金刚梅花锉可锉任何金属类材质，主要用来修饰细节。

（2）砂纸用来打磨模型表面、磨平或剔除切口的毛刺，模型打磨常用于 300～500 目的砂纸。

四、钻孔类工具

钻孔类工具：台钻、手钻及各类钻头等。如图 2-75～图 2-77 所示。

图 2-75　台钻

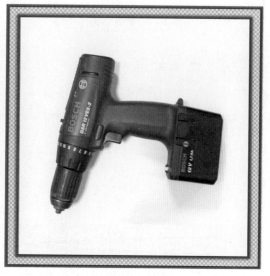

图 2-76　手钻

工具使用简述：台钻、手钻结合各类钻头主要用于材料钻孔使用。

五、抛光类工具

抛光类工具是指各类粗细目抛光膏、抛光膏绿油、指甲抛光条、平面打磨器等。此类工具主要用于模型细部喷涂后的打磨、抛光等。见图 2-78。

图 2-77　套装钻头

图 2-78　抛光膏、抛光膏绿油、指甲抛光条、平面打磨器

六、其他工具类

各种型号的镊子、美术油泥刀、电焊枪、电焊笔、酒精灯、烤箱、模具、多款螺丝刀及螺丝套、各种细小零件收纳盒等。如图 2-79～图 2-84 所示。

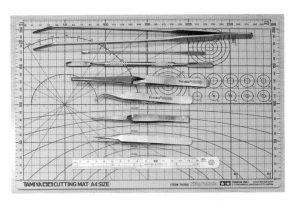

图 2-79　各种型号镊子、美术油泥刀

图 2-80　电焊枪

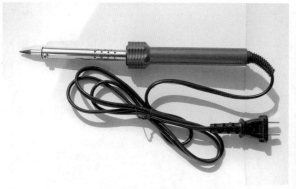

图 2-81　电焊笔

图 2-82　酒精灯

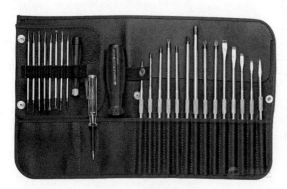

图 2-83　套装螺丝刀

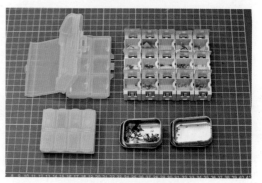

图 2-84　细小零件收纳盒

　　镊子用来拾取各种细小、精密的零部件；电焊枪用来焊接各类金属类材料、电焊笔用来焊接模型电路；酒精灯、烤箱用来加热塑料类材料以结合模具制作曲面和曲线造型；模具还可用来制作石膏类模型及模压定型；套装螺丝刀用来固定金属类模型；零件盒用来收纳整理各类细小零件等。

七、计算机数控雕刻

　　随着电子技术日新月异的发展，计算机数控技术在当前模型制作行业中应用广泛，计算机数控雕刻机主要由计算机和雕刻机两部分组成，通过计算机控制雕刻机，可将材料根据需要进行雕刻或裁切，计算机数控雕刻制作的模型精细、逼真适于制作表现类模型、特殊用途类模型及工业建筑类模型。计算机数控雕刻机主要有机械雕刻机和激光雕刻机等，如图 2-85、图 2-86 所示。

图 2-85　机械雕刻机

图 2-86　激光雕刻机

第三节　建筑模型材料的应用原则

　　基于建筑设计过程的变化性及建筑表现手法的多样性,导致了模型在不同的制作阶段的差异性,因而所选择的材料及工具也变化不定。但即使表现手法千变万化,对各类材料的理解和应用仍然是模型制作与表现的基础。针对所表现模型的不同阶段、不同类型、不同风格,熟悉材料的特性,选择合适的材料是制胜的关键,这会给模型的最终效果带来不同的空间体验和视觉感受。

　　建筑模型材料的选取应遵循以下几点:

　　第一,模型材料的选择要遵循建筑的设计特点。建筑模型材料的选取在于材料与设计方案的相互融合。如果对建筑模型所要表达的内容没有充分的理解,就不会对材料的选择及组合进行恰当的处理,这样就会直接影响模型制作的整体性。这里要求,对材料的选择要依据建筑设计及不同的表现阶段而进行,而非不加分析地使用"华丽"的材料,或者将多种材料堆积罗列在沙盘之中,形成为材料而来表现建筑。

　　第二,发挥材料自身特点,可以同种物体多种表达方式。每种材料都有自己的语言与表情,在建筑模型制作过程中,可以充分发挥材料的自身特性,进行制作。例如在表现建筑环境冬季的雪景时,可以采用建筑制作成型后铺洒雪粉的形式,可以采用白色石膏做肌理的方式,还可以利用白色 ABS 板的特点来达到表现雪景的效果。图 2-87 为学生课堂习作,属于建筑方案完成的终结模型,利用白色雪粉的细腻质感,充分表现了东北农家院冬季雪景洁白无瑕的特点。图 2-88、图 2-89 表述的是大连蓝湾海滨公园冬季雪景,模型建筑主体选用水晶与蓝色灯光相结合,利用水晶自身的晶莹剔透充分表现冬季北方建筑结冰后的冰清玉洁,整个公园绿化环境采用白色树粉与白色雪粉的结合,将北方冬季白雪皑皑的景象真实地表现出来。图2-90为学生课堂习作,利用了白色ABS板的特点,表现了路面湿滑、滴水成冰的冬季特色。图2-91是太阳岛都市雪乡的模型,模型将建筑喷成白色,利用白色草粉与树粉的结合,营造出颇具时尚感的现代都市雪乡,具有白雪皑皑的一番悦目景象。

　　第三,材料的选择与搭配应不拘一格,具有创新意识。对于模型材料的应用,除了要掌握基本的使用规律以便于为设计和模型制作服务外,还要注重模型思维的培养,创新性地将不同材料进行合理搭配,这样有利于设计思路的开发和设计意识的提高。

图 2-87　东北农家院雪景的表现
（学生课堂作业　王冬雪）

图 2-88　大连蓝湾海滨公园冬季雪景（1）
（哈尔滨建镜模型）

图 2-89　大连蓝湾海滨公园冬季雪景（2）
（哈尔滨建镜模型）

图 2-90　别墅雪景表现
（学生课堂作业　佚名）

图 2-91　太阳岛都市别墅雪景表现

（哈尔滨建镜模型）

第四节　本章小结

　　本章主要介绍了建筑模型材料与模型制作的工具,通过本章的学习,学生对建筑模型制作的材料及工具有了一个全面的了解,使得学生在以后的学习与制作过程中,可以运筹帷幄,根据所要表达的沙盘内容,选择合适的材料和适合的工具。

第五节　本章习题

思考题：

　　1. 复习思考建筑模型的材料可以分为哪几大类?

　　2. 复习思考制作建筑模型的常用工具有哪些类型?

课堂实训

　　课堂习作,根据自己所掌握的建筑图纸资料,以纸板或 KT 板为主要材料,选择适合的工具,按比例制作一个建筑模型。注意材料的选择与搭配。

◀·· 第三章
建筑模型主体制作

学习要点及目标:

⇨ 了解并掌握建筑模型主体的制作原则。
⇨ 掌握建筑模型主体制作程序。
⇨ 建筑模型拍摄。

核心概念:

⇨ 模型制作原则　模型制作程序

　　建筑模型主体作为建筑设计与研究的重要实体表现手法,在制作过程中虽遵循着严格的制作原则,但不受材料与制作方法的限制,在不同的应用领域还以不同的姿态呈现在制作者面前。如在建筑方案设计阶段,对于建筑模型主体的制作可以就近取材,不过多受材料与颜色的限制,甚至有时随意的模型制作,还会为设计者带来灵感;在建筑结构研究阶段,则要遵循严格的比例,甚至有时会按实际的建筑材质,来选择模型制作的材质;而在建筑模型主体表现阶段,则需要根据整体沙盘环境的表达理念,来选择合适的表现手法,或写实或概念。总之建筑模型主体的制作在不同的阶段,可以选择不同的手法,其遵循的宗旨就是满足设计者在不同阶段对建筑理解的需要。

第一节　建筑模型主体制作原则

建筑模型主体的制作,有两种方式。一种方式是伴随设计者思维的发展,而循序渐进、逐步改进的过程,对于建筑设计本身所表达的不同形态、形成的不同空间、运用的不同色彩搭配以及设计者结合设计所选择的恰当的材料,其所表现的质地、纹理、光泽、色彩等特征都会对最终的模型表达产生不同的效果,以形成不同的风格。另一种方式则是制作者遵循设计者的意图,按照比例依图制作。无论建筑模型主体的制作采取哪一种方式,其制作方法都应遵循相应的原则,总结起来这些原则有:

一、规范性

规范性是建筑模型制作的基本要求,所谓规范性是要求模型制作规范,包括选择材料、加工工具、制作程序要合情合理。如图 3-1 所示唐大明宫含元殿展示模型,为表现中国古代建筑的木质结构及建筑群落之间的关系,模型的制作采用了木质材料,并选择适当的工具精雕细刻,将中国古建筑的木质美感及建筑的恢弘气势充分表达出来。图 3-2 所示为户型模型,模型中的室内家具及陈设部分,制作者严格按照真实场景选择合适材料进行制作,如地板、地砖选择相应图案的不干胶贴;室内床体、沙发等软装饰部分选用布艺材料;甚至连书柜中的陈设品及书,都按照实际材质进行制作,对于真实场景予以还原,充分体现了模型制作规范性的基本要求。

图 3-1　唐大明宫含元殿展示模型

图 3-2　户型模型制作

二、准确性

　　建筑模型的制作一来是为了研究建筑的形态及建筑结构关系,二来是为了真实地反映建筑特征的三维立体关系,因此无论哪种情况都要求建筑模型的制作需按比例,真实地反映建筑的实际情况,这也包括建筑主体与周边环境之间的比例关系。有些精细的表现类模型对其制作的准确性要求极高,尺寸误差甚至不大于 0.5mm。如图 3-3 表示的黑龙江现代文化艺术产业园展览模型,则是严格按照比例将建筑的形态及建筑的结构关系,真实准确地表现出来,整个模型为产业园区的宣传与日后的实际工作提供了一个真实感官的环境。图 3-4是哈尔滨南极国际商城剖面模型,该模型严格按照商场环境的真实场景,将整个商场每层的空间布局、商家分布情况及建筑结构形式表现出来;为建筑方案的调整及完成,日后商场内部空间的装饰与装修,甚至对于日后客流的引导及疏散都有重要的参考价值。

图 3-3　黑龙江现代文化艺术产业园展览模型

图 3-4　哈尔滨南极国际商城剖面模型

三、艺术性

　　模型制作中艺术性的表达也是整个制作过程中不可忽视的一部分,尤其是在诸如表现类的模型中,在满足了规范性与准确性的基础上,恰当、合理地进行艺术创造,有利于设计者设计意图的传达,起到美化建筑模型环境的作用。如图 3-5 所示,制作者为突出表现建筑的形态与群组之间的关系,整体模型采用白色,借助建筑立面的窗通过与白色灯光巧妙的搭配,将建筑主体艺术化地展现在世人面前。图 3-6,整个模型选用单一的木质,通过看似简单但又丰富的颜色,将模型整体色调控制得恰到好处。模型借助木质利用等高线的表现手法,将住宅区内建筑与周边复杂地形的关系表现得充分完整。整体模型语言表达精炼,但不失丰富的内容,具有一定的艺术性。

图 3-5 白色灯光的巧妙运用

图 3-6 单一的木质模型

第二节 建筑模型主体制作程序

本节涉及的建筑模型制作将环境教学模型展开,分两部分内容进行,一部分由学生按照所参考图片自行设计建筑主体,自选材料,采用手工切割、粘贴制作。另一部分,学生根据资料获得详细尺寸,通过计算机拆图,借助计算机雕刻机雕刻后,手工粘贴。

一、手工切割粘贴制作

(一)制作前的准备

学生根据所搜集到的参考图片,如图 3-7 所示,选择合适的材料及制作比例。经探讨确定模型制作为部分可开启形式,具有内视功能,制作比例为 1:100。主要材料为 ABS 板、细木条,辅料为 KT 板、泡沫塑料板、金黄色树粉。黏结剂为三氯甲烷、粘得牢胶、乳白胶、美纹纸等。工具为直尺、三角板、钢尺、美工刀、钩刀、剪刀、尖嘴钳、斜嘴钳、小狼毫毛笔、砂纸、指甲锉等。

(二)制作程序与方法

建筑模型制作所选用 ABS 板厚度为 1.5mm,制作门窗选择 1mm 厚硬质有色透明 PVC板,细木条选择断面长×宽为 3mm×5mm。

1. 找基准线：ABS 板材由于存放或运输等原因，初始边缘会有磨损，需另外量出基准线并裁掉边缘，再按比例制作模型。

2. 绘制建筑尺寸：将美纹纸粘贴在 ABS 板上，用铅笔将所需建筑外墙造型、建筑外立面的门窗孔洞、建筑屋顶等尺寸，分别绘制在美纹纸上。如图 3-8 所示，绘制建筑尺寸。

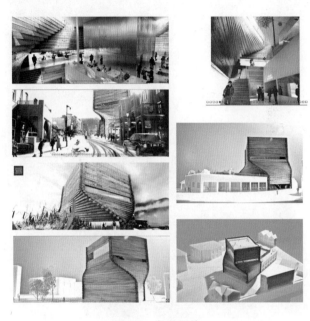 

图 3-7　参考图片　　　　　　　　　　　　图 3-8　绘制建筑尺寸

3. 进行切割：根据设计尺寸，对建筑墙体、建筑屋顶及门窗空洞进行切割，材料选用 1.5mm 厚 ABS 板，工具使用美工刀。如图 3-9 所示，切割建筑外立面。

4. 切割好的部分墙体。如图 3-10 所示，切割好的部分模型外墙立面。

5. 打磨：将切割好的 ABS 板的边缘用指甲锉分别打磨，以去除 ABS 板边缘的毛边。如图 3-11 所示。

6. 切割打磨好的部分建筑模型外墙。如图 3-12 所示。

7. 正确使用三氯甲烷：三氯甲烷因含有对人体有害物质，因此在使用时须格外注意，可将其倒入一小瓶中，在小瓶的盖子上开一孔，插入小狼毫毛笔，小狼毫毛笔在靠近毛笔端头的部位需套一护套，防止毛笔完全进入瓶中。使用时用毛笔尖蘸取少量三氯甲烷涂刷在 ABS 板上，瞬间即可粘牢。为防止小瓶被碰倒，使得三氯甲烷液体流出，可在小瓶底座粘上一小块平板，或在瓶子外面做一保护套以起固定作用。见图 3-13 三氯甲烷使用方法 1；图 3-14 三氯甲烷使用方法 2。

图 3-9　切割建筑模型外墙立面

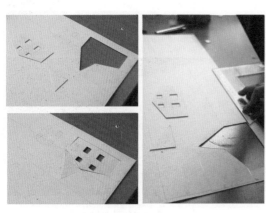

图 3-10　切割好的部分模型外墙立面　　　　图 3-11　打磨 ABS 板

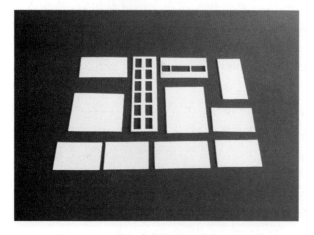

图 3-12　切割打磨好的部分建筑模型外墙　　　图 3-13　三氯甲烷使用方法 1

图 3-14　三氯甲烷使用方法 2

8. 制作塑钢窗框：裁切 1mm 宽 ABS 板条，把带有窗孔的墙体平放在桌面上，使用三氯甲烷将 ABS 板条与墙体黏结。见图 3-15。

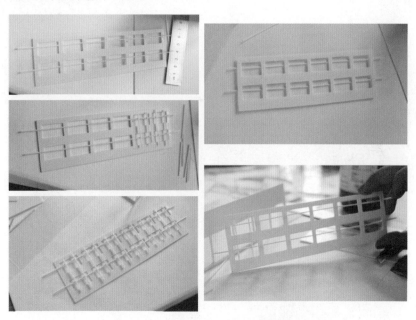

图 3-15　将窗框 ABS 板条与墙体黏结

9. 粘贴窗户：将 1mm 厚硬质有色透明 PVC 板，按带有窗户的墙体尺寸裁切好，也可使其长宽尺寸比墙面长宽尺寸各小 2～3mm。粘贴在做好的塑钢窗框背面。如图 3-16 所示。

10. 黏接墙体与建筑平面：将打磨好的建筑平面平放在桌面上，使用三氯甲烷将已整理好的建筑墙体，按尺寸分别与建筑平面相黏结。如图 3-17 所示。

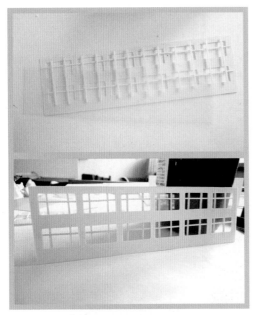

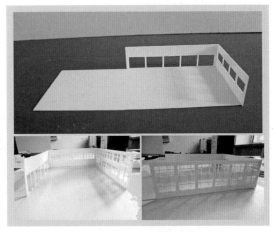

图 3-16　粘贴窗户

图 3-17　墙体与建筑平面黏接

11. 制作室内墙面：根据设计尺寸，将建筑内墙裁切、打磨好，使用三氯甲烷使其与室内地面、墙面相黏接。如图 3-18 所示。

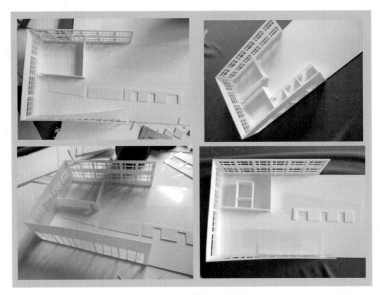

图 3-18　黏接室内墙面

12. 制作室内家具：根据设计要求，将建筑室内可视部分的家具按比例裁切好，材料选用 1.0mm 厚 ABS 板，并使用三氯甲烷分别黏结在适当的建筑室内平面中。如图 3-19 所示。

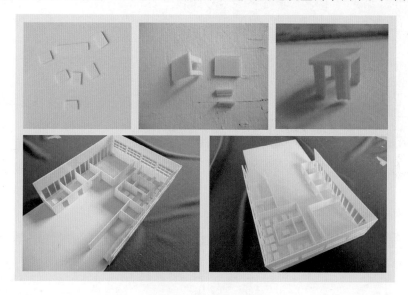

图 3-19　黏接室内家具

13. 按比例制作木结构部分的室内墙体，材料选用 1.5mm 厚 ABS 板，用三氯甲烷使其与地面相黏接。如图 3-20 所示。

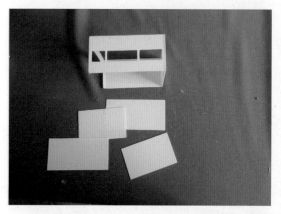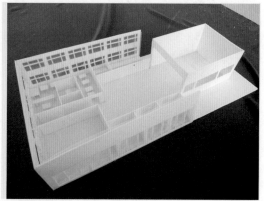

图 3-20　室内墙体与地面黏接

14. 按比例制作可视建筑部分的室内楼梯，材料为 1.5mm 厚 ABS 板，黏结剂为三氯甲烷。做好后将其黏接在室内平面中。如图 3-21 所示。

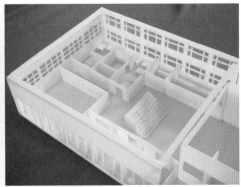

图 3-21　在室内平面黏接楼梯

15. 根据设计要求,将带有木结构部分的室内家具按比例裁切好,并分别黏接在建筑室内平面中。如图 3-22 所示。

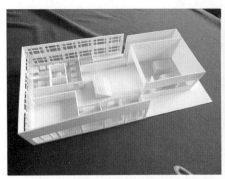
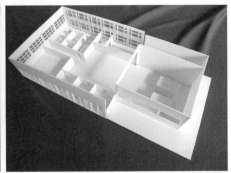

图 3-22　部分家具黏接于室内平面

16. 制作屋顶:将可视部分屋面按比例测量裁切。如图 3-23 所示为可视部分屋顶局部。

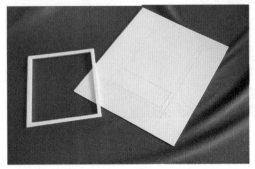

图 3-23　可视部分屋顶局部

17. 将测量所得可视部分屋面及屋面建筑装饰配件裁切下来,使用三氯甲烷,按照设计要求将其黏接。见图 3-24。

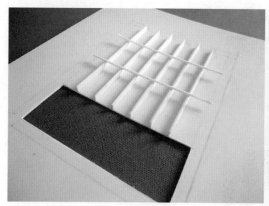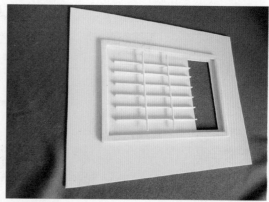

图 3-24 黏接部分屋面及屋面建筑装饰配件

18. 将 ABS 板裁成 1mm 宽,长度与屋面镂空部分相同的小细条,在小细条的一侧均匀涂上黏得牢胶,并将树粉黏在上面,依次做好四条装饰绿化带。如图 3-25 所示为制作屋顶装饰绿化带。

图 3-25 制作屋顶装饰绿化带

19. 将屋面部分栏杆按比例做好,并黏接在屋面上。

20. 将做好的装饰绿化带按顺序黏接在屋面镂空部分的边缘处。如图 3-26 所示为黏结屋顶栏杆及屋顶绿化带。

21. 裁切 2mm 宽的 ABS 板条,在距离墙体顶端 1.5mm 高度处沿墙体内壁交圈黏接,用以承载屋面,使得建筑模型这部分为可视部分。

22. 细木条切割尺寸为长×宽×高:3×5×10mm。如图 3-27 所示为切割后的细木条。

图 3-26　黏接屋顶栏杆与屋顶绿化带　　　　图 3-27　切割后的细木条

23. 测量切割细木条,将每根细木条端头切下 5mm,以备黏接使用。如图 3-28 所示为测量细木条端头,图 3-29 为切割后的细木条及端头。

图 3-28　测量切割细木条端头

图 3-29　切割后的细木条与端头

24. 在细木条上涂抹粘得牢胶。见图 3-30。

图 3-30　在细木条上涂胶

25. 按设计图纸将细木条进行搭接,并粘贴。见图 3-31。

图 3-31　进行细木条搭接

26. 调整细木条端头尺寸,使所露出的端头尺寸一样长。如图 3-32 所示。

图 3-32　调整细木条端头尺寸

27. 按设计图纸尺寸,将建筑带有木结构一侧的木结构基础,进行测量、切割并粘贴。如图 3-33 所示。

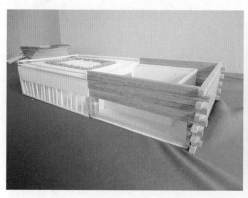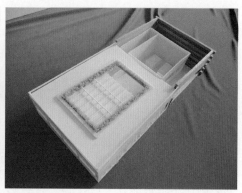

图 3-33　测量、切割并黏接木结构

28. 用粘得牢胶将木结构部分进行粘贴。如图 3-34 所示为木结构部分黏接。

图 3-34　木结构部分黏接

29. 测量、裁切、黏接木结构中间部分的墙体、窗孔洞及塑钢窗部分。如图 3-35 所示。

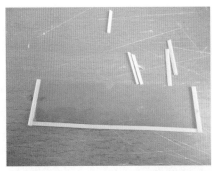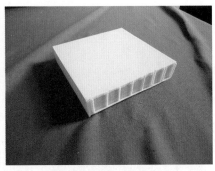

图 3-35　黏接木结构中间部分墙体和窗户

30. 制作木结构部分室内楼梯。材料选用 1.5mm 厚 ABS 板，板上涂刷调好的丙烯颜料。如图 3-36 所示。

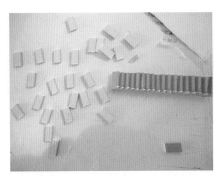

图 3-36　制作楼梯

31. 按设计图纸继续黏接木结构部分，但需将窗孔洞部分预留出来。如图 3-37 所示。

图 3-37　黏接木结构时预留窗孔

32. 将制作好的墙体部分置于木结构层中。如图 3-38 所示。

图 3-38　将墙体置于木结构层中

33. 将制作好的楼梯置于木结构部分的室内中。如图 3-39 所示。

图 3-39　将楼梯置于室内

34. 测量、裁切木结构部分的屋顶及造型。如图 3-40 所示。

图 3-40　木结构部分屋顶及造型

35. 将做好的屋顶部分与木结构部分黏接。整个主体建筑完成。如图 3-41 所示。

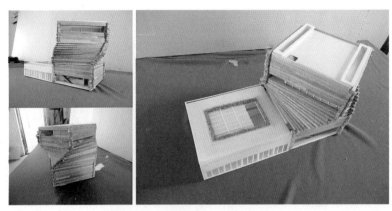

图 3-41   黏接屋顶,主体建筑完成

36. 根据设计图纸尺寸,制作沙盘周围的配景建筑。材料为 1.5mm 厚 ABS 板,黏接剂为三氯甲烷,有毛边时用细砂纸打磨。如图 3-42~图 3-44 所示。

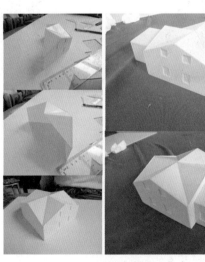

图 3-42   制作周围的配景建筑 1   **图 3-43   配景建筑 2**

37. 根据设计图纸,制作沙盘的底盘。材料选 KT 板、泡沫塑料板,黏接剂为乳白胶。如图 3-45 所示。

图 3-44　配景建筑 3　　　　　　　　图 3-45　建筑模型底座制作

38. 将所有配件按设计图纸摆放在沙盘上,调整之后固定黏接,最终整个沙盘制成。如图 3-46 所示。

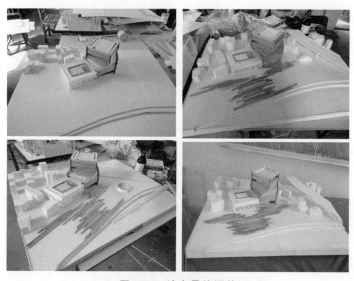

图 3-46　沙盘最终调整

二、计算机雕刻制作

计算机雕刻制作主要是借助计算机雕刻机进行切割,它的特点是制作精细,误差小,可以精确到 0.1mm 左右,并且比手工切割省时省力。制作时需先将待雕刻文件进行拆图处理。所谓拆图即将建筑图纸的 dwg 文件按照平面、各立面及屋顶平面的顺序进行拆分,需注意的是,所拆文件要全部是封闭文件,即需将电子文件在 CAD 环境下通过焊接命令将其封闭。并按照所要制作的模型比例,统一设定相同的比例。拆图顺序如下:

1. 平面。需将平面图内所有平面布置在 CAD 环境下全部删除,只留下外墙轮廓线,并将轮廓线向里偏移 30mm,以方便在黏接过程中,可以用手在预留空间内进行黏接。值得一提的是,在平面拆分过程中,需将建筑平面的长宽稍作延长,延长的尺寸需根据雕刻时所选择的 ABS 板的厚度来确定。例如,雕刻时 ABS 板选择 3mm 厚的,则长宽分别延长 6mm,以便在黏接立面时能做到 45°对角。拆分完毕后需将图形做封闭焊接处理。图 3-47 所示为建筑模型原始一层平面图,图 3-48 为建筑模型拆分后一层平面图,图 3-49 为建筑模型原始二层平面图,图 3-50 为建筑模型原始阁楼平面图,图 3-51 为拆分好的一层、二层、阁楼层雕刻文件。

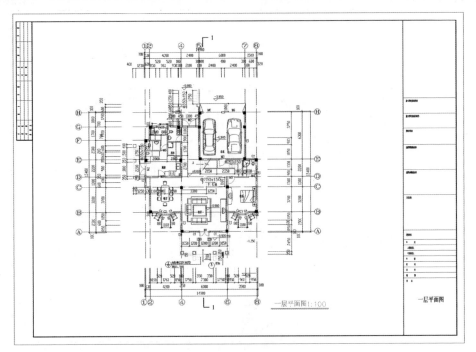

图 3-47　建筑模型原始一层平面图

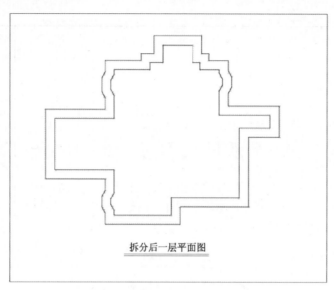

拆分后一层平面图

图 3-48 建筑模型拆分后一层平面图

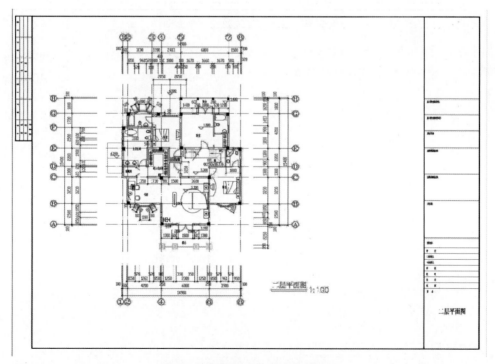

图 3-49 建筑模型原始二层平面图

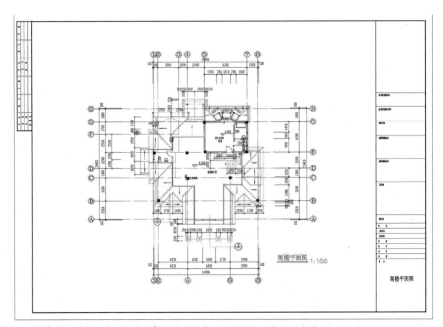

图 3-50　建筑模型原始阁楼平面图

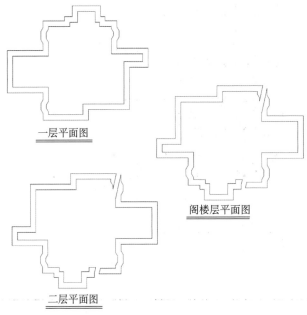

图 3-51　拆分好的一层、二层、阁楼层雕刻文件

　　2. 立面。立面拆图较平面烦琐,需按照建筑的四个立面分别进行拆分,并需要将建筑的各个立面图结合起来。下面以建筑的一个立面为例,进行介绍。

　　首先,在 CAD 环境下建立一个 600cm×600cm 的正方形,在此正方形内将建筑的外墙拆分开来,这里包括建筑的门、窗孔洞,以及建筑的装饰墙砖,但不含门、窗的口线及装饰部分,也不含门、窗部分。如果建筑墙面,从正立面看去是一体,但从侧立面看不是一体,是有前后关系的情况,则需将墙体立面按前后关系情况,分别拆分,且都要做图形的封闭。如图 3-52 为 8-1 轴建筑立面图,图 3-53 为 8-1 轴拆分后建筑立面图。

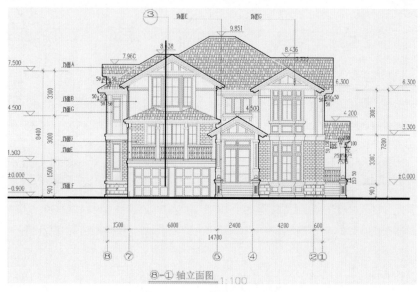

图 3-52　8-1 轴建筑立面图

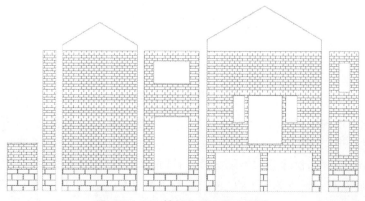

图 3-53　8-1 轴拆分后建筑立面图

　　其次,在正方形内,将门、窗的口线、窗的窗棱线及建筑装饰线分别单独拆分下来。并做图形的封闭。如图 3-54 为 8-1 轴建筑装饰线局部。

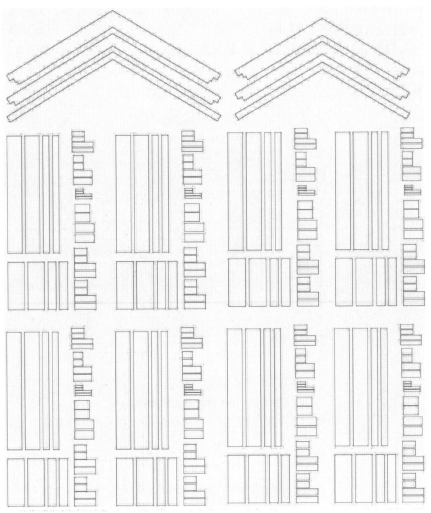

图 3-54　8-1 轴建筑装饰线局部

　　再次,在正方形内按照门、窗大小将门、窗单独拆分开来。一般情况下,窗可以根据建筑的立面尺寸,进行纵向连接,或横向连接,这样在黏接过程中,相对省力。进行雕刻时需按照模型的实际情况,选择门窗部分的实际材料,门可选择 ABS 板也可选择薄质的亚克力板等,窗一般选择薄质亚克力板或薄质 PVC 树脂板等透明材质。如图 3-55 是 8-1 轴建筑立面门、窗及部分装饰线雕刻图。

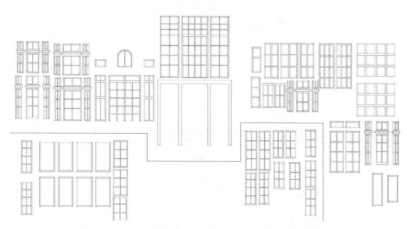

图 3-55　8-1 轴建筑立面门、窗及部分装饰线雕刻图

其他立面以此类推进行拆分、封闭。如图 3-56 为 1-8 轴建筑立面,图 3-57 为 1-8 轴建筑立面雕刻图,图 3-58 为 A-H 轴建筑立面,图 3-59 为 A-H 轴建筑立面雕刻图,图 3-60 为 H-A 轴建筑立面,图 3-61 为 H-A 轴建筑立面雕刻图。

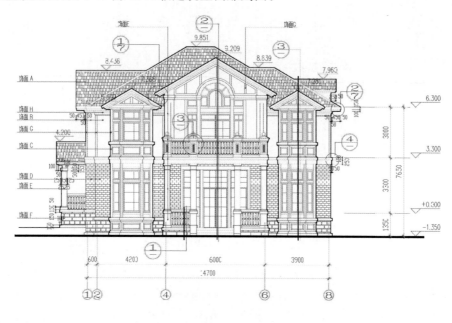

图 3-56　1-8 轴建筑立面

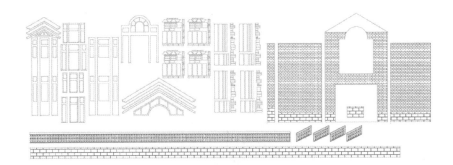

图 3-57　1-8 轴建筑立面雕刻图

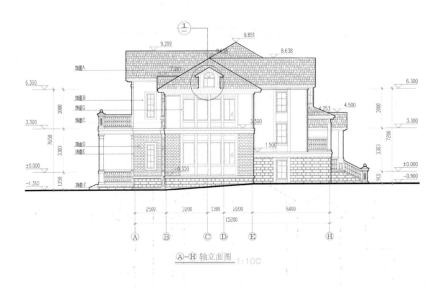

图 3-58　A-H 轴建筑立面

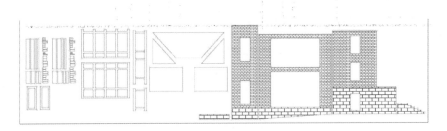

图 3-59　A-H 轴建筑立面雕刻图

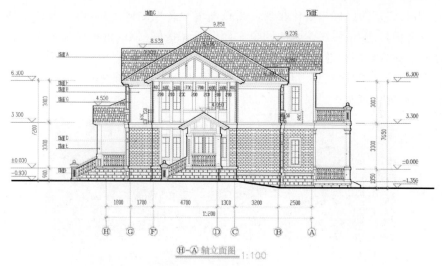

图 3-60　H-A 轴建筑立面

图 3-61　H-A 轴建筑立面雕刻图

屋顶平面。拆分方法同上,在 CAD 环境中仍然是将图纸的正立面与侧立面结合起来进行屋顶平面的拆分。雕刻时选择成品屋顶 ABS 板即可,也可选用普通的 ABS 板。

所有文件拆分完毕后,需将其转存成精雕文件,转入雕刻机内,在雕刻机环境下根据需要设置雕刻的刀头力度,是全部刻透,还是半透需要根据实际情况而定。由于雕刻机型号不同,设置环境有所差异,需要按照实际情况来设定,一般是将建筑的砖纹线设成半透,门窗孔洞设成全透。

文件拆分完毕后,可以按照手工制作的方法,进行粘贴。首先将雕刻好的模型材料进行打磨,去掉毛边,做光滑处理,立面与立面黏接处还需进行 45°对角打磨处理,待全部材料处理完毕后,再将建筑的门窗与墙体相连。当整面墙全部粘贴好之后,可以按照平面顺序,将立面与对应平面相连,最后在建筑的四个立面全部黏接好之后,再将屋顶平面黏接,建筑模型基本建成。如需对模型进行喷色处理,则在模型黏接之前,利用喷泵及喷笔对其进行喷涂,待全部晾干后,再利用三氯甲烷按照上述顺序进行黏接。图 3-62 所示为学生的课堂作业,模型做成后的建筑照片。

图 3-62　模型做成后的建筑照片

第三节　建筑模型拍摄

建筑模型的拍摄是模型制作及完成过程中不可或缺的一部分,模型的拍摄主要有两个目的,一是记录建筑设计方案的实施过程,二是将建筑模型资料进行保存。对于模型拍摄图片的精度要求较高,一般会选用 135 型相机或 500 万像素以上的数码相机。

作为模型制作的记录过程,要求所拍摄的模型步骤详细、完整,并有拍摄的全景与局部之分,通常会选用自然光下拍摄,用光可分为自然光有阴影、自然无阴影两种。

为了使建筑模型资料更好地保存,模型拍摄则会有所讲究。用光可分为自然光有阴影、自然无光影、人工光和夜景光。拍摄中最好使用北向房间的室内自然光。如果使用室内照明应使拍摄方向与光源方向成 45°左右的水平夹角,以便于表现建筑模型的轮廓和体块。光线较弱时,则需使用辅助光源、三脚架等。拍摄内容通常会有建筑模型全景、规划全景、建筑模型细节等几部分组成。如图 3-63 为建筑全景,图 3-64 为规划全景,图 3-65 为景观全景,

图 3-66 和图 3-67 为建筑细节。

图 3-63　建筑全景

图 3-64　规划全景

图 3-65　景观全景

图 3-66　建筑细节 1

图 3-67　建筑细节 2

第四节　本章小结

　　本章主要介绍了建筑模型中建筑主体的制作。通过本章的学习,学生对建筑模型主体的制作有了一个全面的了解,了解了手工制作模型及计算机雕刻机与手工相结合制作模型两种制作方法的程序及步骤,使得学生在今后的学习与制作过程中,可以根据实际需要,按照所要表达的模型内容,选择合适的制作方法。

第五节　本章习题

思考题:

　　1. 复习思考建筑模型主体的制作有哪几种方法? 分别是什么?
　　2. 复习思考手工制作建筑模型主体的步骤大体有哪些?

课堂实训

　　课堂习作,根据自己所掌握的建筑图纸资料,以 ABS 板为主要材料,选择适合的工具,按比例制作一个小型建筑模型主体。注意制作的方法与步骤。

第四章
建筑模型环境制作

学习要点及目标：

⇨ 了解并掌握建筑模型环境的制作原则。
⇨ 掌握建筑模型环境制作的方法。

核心概念：

⇨ 建筑模型环境　模型环境制作原则　模型环境制作方法

　　建筑模型环境，作为研究建筑与周边环境关系，是表达建筑环境的重要手段，在制作过程中虽遵循着严格的比例，但不受材料的选择与表现手法的限制，它同建筑模型主体制作理念如出一辙，在不同的表现阶段可以以不同的形态展现在制作者面前。如在方案模型里，配之以环境表现，就应采取概念的表达方式，只需将环境与建筑的比例关系表达清楚即可。在表现模型里，则应将环境真实、细腻地表现出来，无论是环境的形态、色彩、肌理甚至是声、光、电的配合，都对最后建筑模型的整体表现起到衬托建筑、烘托环境之功效。

第一节　建筑模型基础环境制作

一、建筑模型底盘制作

建筑模型底盘用于放置建筑模型主体,环境配景包括道路、绿化、水景、山体、公共设施等附属物,属于建筑模型展示的基础部件。通常它由底盘、边框及支撑三部分组成。常见底盘形状有矩形、正方形、多边形、圆形及弧形等。

建筑模型底盘的制作多遵循简单、美观、牢固、轻巧、运输便捷等原则,有时也按照客户的要求,依展示效果及沙盘尺度的大小来制作底盘。制作底盘的材料有很多种,可以根据实际情况进行选择,模型制作工作室中常用的底盘材料为 1.5mm 或 1.8mm 厚的细木工,教学用的建筑模型底盘可根据实际情况,1m² 以内的小面积沙盘,可采用密度板、高密度泡沫塑料板、KT 板、ABS 板、亚克力板等。如果制作动态沙盘,需安装相关亮化设备,如各种线路、电路稳流器等,或有真水流动系统,则需选择便于用电钻打孔(用于安装亮化设施)或用电锯进行切割的材料(用于切割水面造型)。如果底盘面积过大,为便于运输,还应对整块沙盘底盘进行分割,使它们成为是由多个小块组成的一个整体,有时还需在底盘底部做上横竖龙骨,以稳固支撑。如图 4-1 所示,底盘背部由横竖龙骨作支撑,底盘下布置灯光电线。

图 4-1　沙盘底盘背部图

　　底盘边框的制作应顾及整个沙盘的整体颜色,使之与沙盘整体色调相统一。底盘边框可以选择由多种材料制作,可以用细木工板做基础,在面层粘贴上各种装饰壁纸、免漆板、玻璃、金属等材质,也可以直接用防火板做装饰。教学中沙盘模型边框的制作,可以根据沙盘底座的材质来选择适宜材料,材料可以用 PVC 板条、ABS 板、有机玻璃等易切割材质。无论采用哪种,制作时都应 45°对角打磨、拼贴,粘贴胶料可根据所用材质进行选择,可以用快事达胶、乳白胶、101 胶、三氯甲烷等。图 4-2 为黑龙江现代文化产业园区沙盘模型,大理石方形底座;图 4-3 为哈尔滨盛和天下户型展示模型,大理石方形底座;图 4-4 为户型模型,塑铝板方形底座;图 4-5 为塑铝板圆形底座;图 4-6 为复合材质方形底座;图 4-7 为拉丝不锈钢线形底座;图 4-8 为户型展示沙盘,实木方形底座。

图 4-2　大理石方形底座 1

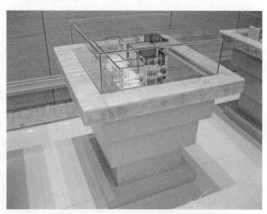

图 4-3　大理石方形底座 2

图 4-4　塑铝板方形底座

图 4-5　塑铝板圆形底座

图 4-6　复合材质方形底座

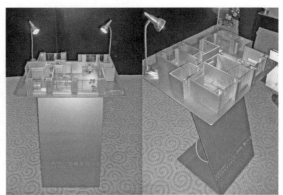

图 4-7　拉丝不锈钢线形底座

图 4-8　实木方形底座

　　沙盘模型,具有不易长期保存的特点,因此对于有些具有展示需要,又需长期保存的模型,一般都需在模型表面安装玻璃罩,以便于防尘、防潮及人为破坏和磨损。玻璃罩通常是先制作四边,再安装顶盖,大型模型为便于运输,多会在现场进行安装玻璃罩,有时还会根据需要在玻璃罩外边安装防护装置。图 4-9 所示为西安紫宸殿建筑模型，图 4-10 为远大都市明珠户型模型。

图 4-9 西安紫宸殿建筑模型

图 4-10 远大都市明珠户型模型

二、地形环境制作

地形在整个建筑模型环境中起着统筹全局的作用，是整个建筑环境整体性的重要表现，它要求真实客观地反映实际环境，如山体的高低起伏变化；露天楼梯、斜坡、护墙地形的高低；道路、湖泊与建筑之间的前后关系等。有时地形环境相对简单，例如居住小区内只有道路，没有地势的高低起伏，制作起来则相对容易一些。而有时遇到像山体地形、水面湖泊则会因受到地势高低变化的影响，制作起来会相对复杂一些。通常来讲，地形的制作常采用下列方法：

1. 等高线做法

等高线做法常应用于设计类模型中地势高差较大、地形层次分明的模型环境制作中。通常按等高曲线的形状及密度进行切割、粘贴，制成后会形成梯田形式的地形。制作材料常采用 ABS 板、KT 板、三夹板等，胶黏剂选用三氯甲烷、快事达胶等，待粘贴之后进行喷漆。教学中为便于切割也可选用 KT 板或厚纸箱板进行制作，胶黏材料多选用乳白胶。等高线制作如图 4-11、图 4-12 所示。

图 4-11　KT 板制作等高线

（学生课堂习作　刘京茹）

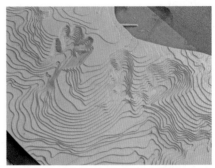

图 4-12　三夹板制作等高线

提示：根据材质自身特点，三夹板制作的等高线要比 KT 板制作的等高线更加逼真、细腻。但因 KT 板更易裁切，教学中多选用 KT 板制作等高线。

2. 胶凝材料做法

胶凝材料做法常应用于表现类模型中带有山坡丘陵等地形的模型环境制作中。通常会用笔将山坡丘地的地形等高线，描画到沙盘的底盘上。然后用支撑物，比如大头针、碎木条、木棒、竹签等，先按等高线的密集程度将地势的高点定出来，然后用石膏浆、石膏碎块等辅助材料分层浇灌到底盘上，再用壁纸刀片等工具对其进行修型整理，直至达到想要的高低起伏效果，待其变干后用砂纸打磨，最后在表面根据实际情况或涂刷颜料，或刷胶黏草粉，或刷胶黏草皮，以达到真实的山地效果。教学中针对地势变化不大，或需表现山地面积不大的沙盘，也可先将等高线描摹到底盘上，再用塑泥膏直接进行堆砌。如山体面积较大，为减轻底盘的重量，可在支撑物上挂上铁丝网，或用塑料泡沫做基础，然后用石膏浆或水泥砂浆等浇灌到上面，最后对其修型整理。效果如图 4-13～图 4-15 所示。

图 4-13　用胶凝材料表现山体 1

（学生课堂习作　佚名）

图 4-14　用胶凝材料表现山体 2

（为学生课堂习作　李志生）

提示：图 4-13 用刮刀在石膏上刮出纹理，以表现冬季山坡雪后的特点。

 提示：图 4-14 用泡沫做基础，表面铺水泥以表现山体，并做出山体石砬子的效果。

3. 泡沫材料制作法

由于泡沫具有质轻易切割的特点，因此泡沫材料制作法常应用于教学模型中。一般会按地形等高线，将泡沫板进行切割，然后用乳白胶或快事达胶将其粘贴在沙盘底板上，先在泡沫表面涂刷乳白胶，后在其上面铺撒草粉，或涂刷颜料，最后再插种各种植物。也可以用KT板来制作。同样按地形等高线将 KT 板进行切割、分层粘贴，然后在其表面附上纱布找平，再用塑泥膏或石膏浆将其添补上，待成型干燥后，再涂刷乳白胶，并根据需要撒上各色草粉，或者粘贴草皮，然后再插种各种植物。效果如图 4-16 所示。

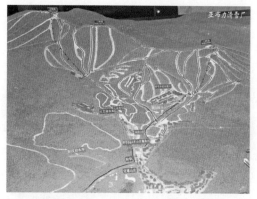

图 4-15 石膏、草粉结合表现山体

图 4-16 用塑料泡沫表现山体

（学生课堂习作 高翔）

 提示：图 4-15 上的整个山脉以石膏做基础，修形整理后上面铺撒草粉。

 提示：图 4-16 所示就是将厚体泡沫先根据需要切削成缓慢山坡，然后涂刷乳白胶、撒草粉，最后喷漆制成。

三、地面环境制作

建筑模型环境中地面的形式众多，有室内与室外之分，因此按照实际环境，制作手法也有不同，常用的地面做法有以下几种：

1. 室内地面

室内环境中地面常用的制作方法是粘贴各种地面贴图的不干胶。按室内地面铺装所需用的地板、地砖等样式和模型相应的比例,打印在不干胶纸上,然后按照地面的形状、大小用壁纸刀切割成型,粘贴在室内模型的地面上。图 4-17 所示为地面贴图用的不干胶,图 4-18 所示为户型模型地面制作。

图 4-17　地面贴图用的不干胶

图 4-18　户型模型地面制作

（哈尔滨建镜模型公司）

2. 室外地面

（1）直接喷涂法

根据路面表达需要可以直接在地盘上喷涂灰色,以表示路面,如图 4-19 所示。也可将地面拼花图案、道路地砖的纹理等通过雕刻机雕刻在底盘上,再根据设计需要进行喷涂。如图 4-20 所示。

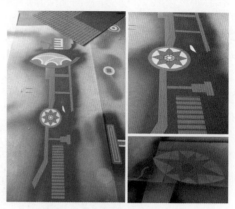

图 4-19　直接喷涂表现道路

（学生课堂习作　佚名）

图 4-20　直接喷涂表现地面拼花

提示：图 4-19 所示是根据实际场景表达地面，直接在细木工的底盘上喷漆。

提示：图 4-20 所示是根据广场铺装需要，事先将道路拼花雕刻在三夹板上，然后按照所做材质颜色，分别喷涂。

（2）直接粘贴法

根据室外地面环境的实际情况，可以裁切各种颜色的不干胶或壁纸，直接粘贴在沙盘底盘上。常用颜色为灰色、白色、黄色。灰色不干胶或壁纸用来表示公路，黄色或白色用来表示行车线、人行道等。也可粘贴各种装饰壁纸或装饰板材，装饰壁纸通常选择地砖或地板等图案用于局部粘贴。效果见图 4-21、图 4-22。

图 4-21　直接粘贴表现道路

（学生课堂习作　邵琪）

提示：图 4-21，广场地面铺装是由装饰壁纸粘贴而成，道路是用在底盘上直接喷涂的颜料来表示，在其表面黏白色不干胶以示行车路线。

图 4-22　直接粘贴表现室外地面

（学生课堂习作　张淙堂　张旭）

点评：图 4-22 上的室外地板是用不干胶粘贴而成的。

（3）精细加工法

室外地面各种形状的砖类，像步道板、广场砖、水汀步、石材碎拼路面装饰等，可以用 ABS 板进行细致加工，加工时用雕刻机按照实际需要在 ABS 板上雕刻所需图案，也可以用钩刀直接在 ABS 板面进行雕刻，然后喷涂上所需颜色。这种表现手法，具有真实细腻、易操作的特点。效果如图 4-23～图 4-25 所示。

图 4-23　精细雕刻表现室外地面 1

（学生课堂习作　刘常飞　刘雪娇）

图 4-24　精细雕刻表现室外地面 2

（学生课堂习作　佚名）

图 4-25　精细雕刻表现室外地面 3

（哈尔滨建镜模型公司）

四、水环境制作

水环境是景观类模型中一项重要的表现内容，它包含的内容颇多，小到游泳池、景观喷泉、蓄水池、山泉,大到江、河、湖、海等,水环境表达得逼真贴切,可以增强建筑模型的表现力,使整个模型环境栩栩如生。水环境表现包括两部分内容,一部分是水岸,一部分是水面。总的来说,水岸环境可以通过将底盘挖空,或将水岸周围提高这两种方法来表现水岸与周围地势之间的高低关系。而在水面表达上因其需表达的内容很多,因此制作手法也多样,总结起来大概有以下几种:

1. 直接喷画法

直接喷画法是根据实际需要,用丙烯颜料调和出适合的水面颜色,在做好的水岸环境内用画笔或喷笔直接喷画。然后在水面上放置一些白色的小石子、植物等,以增强水面的立体效果。如图 4-26 所示。

图 4-26　直接为水面喷涂颜色

（学生课堂习作　佚名）

提示: 图 4-26 所示水环境是通过在水池内直接涂抹颜色的方法表现的。

2. 粘贴法

粘贴法是打印带有水纹图案的不干胶纸,根据水岸形状剪切后,直接粘贴在水池底板上,为了表现水面的反光效果,可以在上面铺透明的有机玻璃板或玻璃。如图 4-27～图 4-29所示。

图 4-27　玻璃板下粘贴水纹纸表现水面

（学生课堂习作　高翔）

提示：图 4-27 所示是利用玻璃镜面反光，映射水岸倒影，逼真地表现水面。

图 4-28　玻璃板下粘贴水蓝色卡纸表现水面

（学生课堂习作　佚名）

提示：图 4-28 所示是直接在玻璃板下粘贴水纹纸，或近水蓝色卡纸，表现水面。

图 4-29   水蓝色有机玻璃表现水面

（哈尔滨建镜模型公司）

 提示：在图 4-29 所示的沙盘中做好水岸后，直接粘贴水蓝色有机玻璃板，表现水面。

3．平铺法

平铺法是指在建筑装饰材料市场，买到水纹玻璃或水纹塑料板，在其底下直接平铺水蓝色卡纸，以表现水面。效果如图 4-30、图 4-31 所示。

图 4-30   水纹塑料纸表现水面

（学生课堂习作   张慧博）

提示：如图 4-30 所示，在水纹纸下平铺水蓝色卡纸，以表现水面。

图 4-31　利用塑料板表现水环境

（哈尔滨建镜模型公司）

提示：图 4-31 是哈尔滨群力新区总体规划模型的局部，利用水纹塑料板表现水环境。

4. 真水环境做法

真水环境做法是将水循环系统统藏于沙盘底盘下，并在池子内做防水处理，以保证水可以在池子内正常循环。如图 4-32、图 4-33 所示。

图 4-32　真水环境表现 1

（学生课堂习作　李志生）

提示：图 4-32 所示是学生用水泥做成的水池，并在其表面覆盖一层塑料布，以达到防水之功效，利用水泵循环处理，表现真水效果。

图 4-33　真水环境表现 2

（哈尔滨建镜模型公司）

提示：图 4-33 所示是在做好喷水池后，涂刷防水颜料，内盛真水，通过水循环系统，表现真水环境。

五、草皮制作

草皮又称草坪或青苔，在建筑模型外环境中经常出现，是塑造景观环境的重要表现手法之一。其制作方法主要有以下几种：

1. 草皮纸

草皮纸是制作草皮最简单的一种方法，用它制作的草坪规矩平整有很强的装饰性。草皮纸一般多用于不带地势起伏的平地中，它可以在模型商店买到，根据地形要求，用笔画出草皮纸大小及形状，然后用剪刀剪下，在其背面涂上乳白胶，直接粘贴到沙盘底板上所需位置即可。图 4-34、图 4-35 所示是草皮纸和草皮纸应用。

2. 草粉

草粉可以在模型商店买到，它是用有机材料，经搅拌、粉碎、上色制作而成的一种粉末状或细小颗粒状的材料，因此草粉比草皮纸更具立体感，它常用来表现草地、园林绿化带等部位。用草粉来制作草地也很方便，首先在沙盘底盘所需铺撒草粉的平面位置上，按其形状涂抹乳白胶，然后撒上草粉，待其晾干即可。图 4-36 所示是草粉，图 4-37 所示是用草粉做的造型墙，图 4-38 所示是草粉在模型中的具体应用。

图 4-34 草皮纸

图 4-35 草皮纸应用

图 4-36 草粉

图 4-37 造型墙

图 4-38　草粉的应用

（学生课堂习作　佚名）

提示： 图 4-38 所示是通过大面积铺撒草粉，使得绿地规划工整，并与制作严谨的别墅模型遥相呼应，浑然一体。

3. 其他做法

在教学中草皮还有其他更为经济简便的做法，比如可以用日常生活中的绿色百洁布代替草皮；可以在白毛巾上、薄海绵上喷色代替草粉等。这几种方法所用材料不同但制作方式基本一致，都是在喷漆、涂色之后，按照所需形状将其剪下，然后用乳白胶涂刷其背面直接粘贴在沙盘底盘上。教学上在设计类模型中，也可以在底盘上直接喷涂调制好的装饰漆，制成深浅变化不同的绿地。

第二节　建筑模型配景制作

一、树木制作

树木是建筑模型环境中必不可少的比例参照物，在建筑模型环境中起到丰富环境、体现沙盘层次关系的作用。制作中应遵循设计者的设计意图，与建筑形态相呼应，选择适宜比例，合理安排树种，进行树木高低错落、成群成组安插种植。由于树种形态多样，因此制作手法也不同，归纳起来有以下几种：

1. 直接购买

可以在模型商店直接购买到各种塑料的树种，有带树叶的，也有不带树叶只有树枝、树干的，不带叶的回来后需将树干放在快事达胶中蘸一下，然后在树粉中一转，做成树叶状。直接种植在沙盘底盘适宜位置上。图4-39所示是树粉，图4-40是成品树干和购买后黏附树粉制成的树木，图4-41、图4-42所示是成品树木的具体应用。

图 4-39　各种颜色树粉

图 4-40　成品树干、树木

图 4-41　别墅　景观树应用

（学生课堂习作　佚名）

 提示：通过不同树种的高低错落搭配，可丰富别墅周边景观的层次。

图 4-42　哈尔滨世茂湖滨花园 景观树木应用

（哈尔滨建镜模型公司）

2. 树木干枝

按比例可以将树木干枝修剪成所要形状,然后在其表面喷涂白色,以仿冬天效果。直接安插在沙盘底盘事先钻好的孔洞中。

3. 纤维组织

可以用海绵或泡沫修剪成形,如圆形、长方形等,在其表面喷涂颜色以仿春秋景色,或在泡沫表面不涂色,以仿冬季景色。然后用乳白胶直接粘贴在沙盘底盘上。如图 4-43～图 4-45所示。

图 4-43 景观树球做法

(学生课堂习作 佚名)

提示:图 4-43 所示是用泡沫制成的景观树球,在其表面黏附绿色树粉。

图 4-44　景观树球应用 1

（哈尔滨建镜模型公司）

提示： 图 4-44 所示是由泡沫制成的景观树，在其表面粘附黄色树粉，以配合整体沙盘秋季景色的特点。

图 4-45　景观树球应用 2

（哈尔滨建镜模型公司）

提示： 图 4-45 所示是由泡沫制成景观树球，在其表面喷涂木本色漆，做成仿木效果，以配合整体沙盘色调。

4. 细钢丝

将多股细钢丝或铜丝,用尖嘴钳子从底部缠绕拧紧,拧成树干后再分叉修剪,做成树枝,待成型后,将树干、树枝在快事达胶中蘸一下,再在树粉中转一下,做成树木。如图 4-46～图 4-49所示。

图 4-46 由铁丝制作树木

图 4-47 铁丝制作的树木 1

提示:图 4-47 所示是由铁丝做成的树木,在树枝处蘸胶,黏附树粉。

图 4-48 铁丝制作的树木 2

提示：图 4-48 所示是铁丝缠绕拧紧后做成的树干，再喷灰色漆，以仿冬季树木效果。

图 4-49　铁丝制作的树木 3

二、绿篱制作

绿篱在景观环境中常常与树木搭配使用，制作起来较为简单。可以将用来密封窗户的海绵密封胶条，喷涂颜色，然后按所需形状进行剪裁，用乳白胶直接粘贴在沙盘底盘上。图 4-50、图 4-51 所示即为哈尔滨现代文化产业园区小区景观绿篱制作。

图 4-50　沙盘绿篱制作

图 4-51　小区景观绿篱制作

三、花镜制作

花镜原属于欧式园林中一种装饰手法,后被引入国内景观设计中,常与树木相结合搭配,通常是树木在后做背景,花镜大面积使用于前方以做装饰之用。在建筑模型环境中依设计者的设计初衷而决定花镜制作的面积及比例。花镜制作手法较为简单,通常在薄海绵上沾满所需颜色的树粉料,然后按照模型中花镜的形状将其剪裁,用乳白胶或快事达胶粘贴于模型底盘上,并在花境外侧按比例粘贴小白边,以示做小花坛。如图 4-52、图 4-53 所示为制作花镜四周小花坛的材料。图 4-54、图 4-55 所示为花镜在沙盘中的具体应用。

图 4-52 花镜制作原料

图 4-53　制作花坛原料

提示：制作花坛所需材料可在 CAD 环境下设计后，通过雕刻机雕刻，选用 ABS 板制作，再喷色，按需裁切。

图 4-54　花镜的应用 1

图 4-55　花镜的应用 2

四、公共设施制作

在建筑外环境中,公共设施是必不可少的元素之一,无论是使用还是审美都能对人们的生活产生很大影响,它不仅是体现景观设计风格的重要元素,也是为人们日常生活提供便捷的重要载体,因而,在建筑模型环境中它是必不可少的组成要素,包括各种座椅、路灯、栏杆、走廊、过道等。

在模型材料市场针对公共设施小品,有现成的成品可买,可以根据沙盘环境的风格及比例选择合适的成品。也可以自己制作,选择 ABS 板按设计好的尺寸进行雕刻,为了更加真实地反映环境,通常都是用雕刻机进行精细雕刻,然后喷漆,用三氯甲烷进行粘贴,最后将其粘贴在沙盘底盘的合适位置上。图 4-56 所示是使用 ABS 板制作的室外躺椅。图 4-57 是 ABS 板制作的伸缩大门。图 4-58～图 4-60 是公共设施在沙盘中的具体应用。

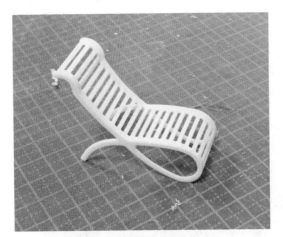

图 4-56　ABS 板制作的躺椅

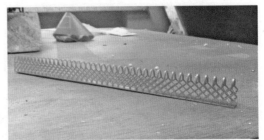

图 4-57　小区内伸缩大门的制作

图 4-58　公共设施的应用 1

（学生课堂习作　佚名）

图 4-59　公共设施的应用 2
（哈尔滨建镜模型公司）

图 4-60　公共设施的应用 3
（哈尔滨建镜模型公司）

五、配景小品制作

在建筑模型的整体环境中，各种配景小品，如假山、石景、交通车辆、桥、人物等，都是模型环境设置中必不可少的组成元素。无论观赏性，还是实用性，配景小品都能够对沙盘整体的效果产生很大的影响。实际制作中可以在模型材料市场购买到，也可以利用身边各种生活用品进行各种景观配景小品的制作，如在设计类模型中，可以用凸起的图钉代替模型中的草坪灯；可以用干的小树枝用来做篱笆墙；用方便筷子做室外木地板的铺装等等，只要用心去想，就可以将身边的一些物品变废为宝。下图是利用生活中的一些常见物品做成的景观环境。如图 4-61 中所示的模型人物、车。图 4-62 用白石子堆成的假山。图 4-63 用方便筷子制作的室外木板桥，以及图 4-64 中的假山、桥梁应用等。

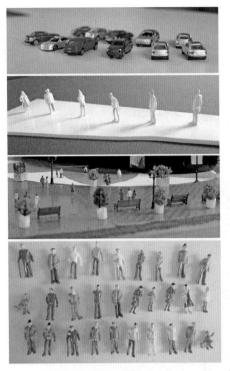

图 4-61　模型人物、车辆

图 4-62　假山

（学生课堂习作　佚名）

图 4-63　室外木板桥

（学生课堂习作　佚名）

图 4-64 假山、桥梁应用

六、灯光的制作

模型灯光的配备要根据景物的特点来进行。住宅区的建筑、水景灯光尽量用暖色,常绿树的背景则用冷光源;路灯和庭园灯应整齐划一,按照某种规律排布。灯光色彩尽量丰富、层次多些以烘托整体环境气氛。需要强调的是,"度"的把握很重要,切忌到处都通亮,导致周边部分景观抢夺主体的光彩。教学模型中,灯光可简单布置,通常以突出主体建筑物为原则,稍带庭院背景灯,没有太多的层次。

灯光连接具体步骤:

1. 将水景灯置于亚克力板背面,正负极相连,并用电焊枪蘸取焊锡膏焊接。如图 4-65 所示。

2. 接通电源转换器,连接电源。如图 4-66～图 4-69 所示。

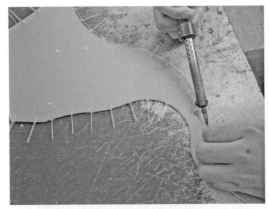

图 4-65　焊接电路

图 4-66　接通电源

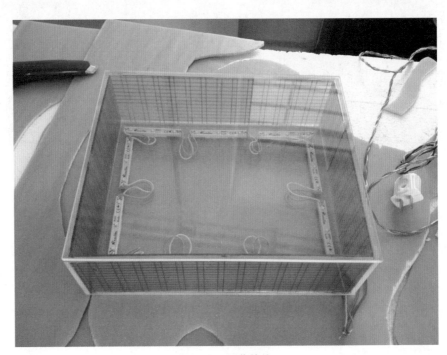

图 4-67　埋藏管线

提示：如图 4-67 所示，教学中建筑主体灯光通常打在建筑物顶棚处将 LED 灯管藏起来，也可将其置于建筑室内平面处，需在建筑底部钻一孔洞，以便于电线可以从孔洞深入，并将其与底盘连接，藏于底盘下。

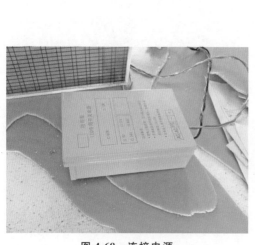

图 4-68　连接电源

图 4-69　灯光环境制作

（学生课堂习作　高浩然　李艺琳）

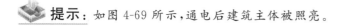

提示：图 4-68 所示是连接 LED 的电源开关。

提示：如图 4-69 所示，通电后建筑主体被照亮。

第三节　本章小结

　　本章主要介绍了建筑模型中环境的制作，通过本章的学习，学生对建筑模型环境的制作有了一个全面的了解，可以根据实际景观样式，学会选择一种或多种表达手法，并掌握了手工制作模型环境的程序、步骤以及一些小窍门,使得学生在今后的学习与制作过程中,可以根据实际需要,按照所要表达的模型内容,选择合适的制作方法。

第四节　本章习题

思考题:

1. 复习思考建筑模型环境的种类有哪些? 分别是什么?

2. 复习思考手工制作不同种类的模型环境的手法大体有哪些?

课堂实训

课堂习作,根据自己上章节所做的建筑主体,按比例配备制作适合的模型环境。注意制作的方法与步骤。

第五章
优秀建筑模型作品案例

学习要点及目标：

⇨ 重温建筑模型种类。
⇨ 解读优秀建筑模型作品。
⇨ 掌握不同材质的表现手法及表现效果。

核心概念：

⇨ 优秀建筑模型作品　材质表达效果

　　建筑模型是建筑设计过程中的一部分，从概念模型开始到表现模型的结束，从不同角度、不同层面，分析、解决了建筑设计中所遇到的各种问题，诸如结构上、比例上、造型上甚至包括整体规划上等等，它可随时表达出设计上的可变动性，体现出各类模型在设计过程中的不同作用，为建筑的最终完成打下了良好的基础。同时在建筑模型中环境的合理配置，也为城市规划及景观规划提供了真实场景，起到了实景还原的作用，为日后的规划设计提供了参考。本章将根据建筑模型的种类，分门别类地介绍建筑模型优秀作品。

第一节　优秀建筑模型作品案例

一、设计类模型

1. 规划类

图 5-1　哈尔滨上院规划模型
方案模型　视角 1

材料：三夹板、亚克力板、树粉、细木工板
制作工艺：雕刻机精细雕刻与人工制作
相结合

图 5-2　哈尔滨上院规划模型
方案模型　视角 2

材料：三夹板、亚克力板、树粉、细木工板
制作工艺：雕刻机精细雕刻与人工制作
相结合

图 5-3　北京永乐经济技术开发区规划
哈工大方案模型

材料：实木、亚克力板、夹板、细木工板
制作工艺：雕刻机精细雕刻与人工制作相结合

图 5-4 紫竹科技园区规划 中标方案模型
西班牙马西亚·柯迪纳克斯事务所方案
材料：三夹板、ABS板、树粉、细木工板
制作工艺：雕刻机精细雕刻与人工制作相
结合

图 5-5 恒盛豪庭区域规划
方案模型 视角 1
材料：三夹板、亚克力板、树粉、细木工板
制作工艺：雕刻机精细雕刻与人工制作相
结合

图 5-6 恒盛豪庭区域规划
方案模型 视角 2
材料：三夹板、亚克力板、树粉、细木工板
制作工艺：雕刻机精细雕刻与人工制作相
结合

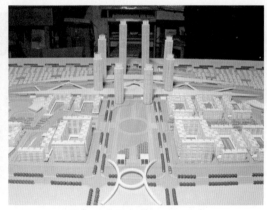

图 5-7 松江新城北区规划
方案模型
材料：ABS板、三夹板、细木工板
制作工艺：雕刻机精细雕刻与人工制作相
结合

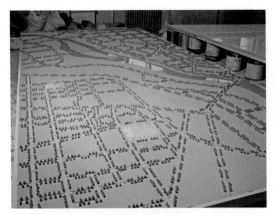

图 5-8　柏林四季区域规划
方案模型 1

材料:夹板、亚克力板、玻璃、树粉、细木工板
制作工艺:雕刻机精细雕刻与人工制作相
结合

图 5-9　柏林四季区域规划
方案模型 2

材料:夹板、亚克力板、树粉、细木工板
制作工艺:雕刻机精细雕刻与人工制作相
结合

图 5-10　沈阳八王寺地区规划
方案模型

材料:ABS 板、树粉、细木工板
制作工艺:雕刻机精细雕刻与人工制作相
结合

图 5-11　同济大学校区规划
方案模型 1

材料:ABS 板、PVC 树脂薄板、玻璃、树
粉、细木工板
制作工艺:雕刻机精细雕刻与人工制作
相结合

图 5-12　同济大学校区规划
方案模型 2

材料：ABS 板、PVC 树脂薄板、树粉、细
木工板
制作工艺：雕刻机精细雕刻与人工制作
相结合

图 5-13　辽宁工业大学葫芦岛校区规划
方案模型

材料：实木、亚克力板、夹板、细木工板
制作工艺：雕刻机精细雕刻与人工制作相
结合

图 5-14　青岛某住宅小区规划
方案模型

材料：ABS 板、细木工板
制作工艺：雕刻机精细雕刻与人工制作
相结合

图 5-15　四季方舟住宅小区规划
方案模型

材料：ABS 板、PVC 树脂薄板、细木工板、
树粉
制作工艺：雕刻机精细雕刻与人工制作相
结合

图 5-16　海富康城居住小区规划
方案模型　视角 1
材料:亚克力板、细木工板、树粉
制作工艺:雕刻机精细雕刻与人工制作相
结合

图 5-17　海富康城居住小区规划
方案模型　视角 2
材料:亚克力板、细木工板、树粉
制作工艺:雕刻机精细雕刻与人工制作相
结合

图 5-18　海富康城居住小区规划
方案模型　视角 3
材料:亚克力板、细木工板、树粉
制作工艺:雕刻机精细雕刻与人工制作相
结合

图 5-19　某住宅小区规划
方案模型
材料:亚克力板、ABS 板、细木工板、树粉、
草皮纸
制作工艺:雕刻机精细雕刻与人工制作相
结合

2. 建筑类

图 5-20 碧桂园
规划模型

材料：实木、细木工板

制作工艺：雕刻机精细雕刻与人工制作相结合

图 5-21 碧桂园
结构模型 1

材料：亚克力板、ABS 板、树粉、草粉、成品模型、细木工板

制作工艺：雕刻机精细雕刻与人工制作相结合

图 5-22 碧桂园
结构模型 2

材料：亚克力板、ABS 板、树粉、草粉、成品模型、细木工板

制作工艺：雕刻机精细雕刻与人工制作相结合

图 5-23 碧桂园
结构模型 3

材料：亚克力板、ABS 板、树粉、成品模型、细木工板

制作工艺：雕刻机精细雕刻与人工制作相结合

图 5-24　碧桂园
结构模型 4

材料:亚克力板、ABS 板、树粉、成品模型、
细木工板

制作工艺:雕刻机精细雕刻与人工制作相结合

图 5-25　某居住小区
建筑模型

材料:密度板、细木工板、夹板

制作工艺:雕刻机精细雕刻与人工制作相
结合

图 5-26　华南师范大学体育馆
方案模型　哈工大方案 1

材料:ABS 板、木材、PVC 树脂薄板、树粉、
草皮纸、细木工板

制作工艺:雕刻机精细雕刻与人工制作相
结合

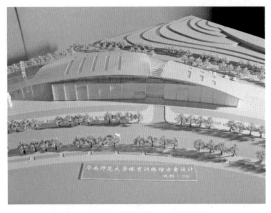

图 5-27　华南师范大学体育馆
方案模型　哈工大方案 2

材料:ABS 板、夹板、PVC 树脂薄板、树粉、
细木工板

制作工艺:雕刻机精细雕刻与人工制作相
结合

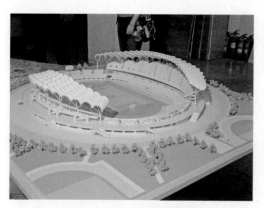

图 5-28　广州惠州体育馆方案
方案模型　哈工大方案 1
材料:彩色 PVC 树脂薄板、ABS 板、树粉、细木工板
制作工艺:雕刻机精细雕刻与人工制作相结合

图 5-29　广州惠州体育馆
方案模型　哈工大方案 2
材料:彩色 PVC 树脂薄板、ABS 板
制作工艺:雕刻机精细雕刻与人工制作相结合

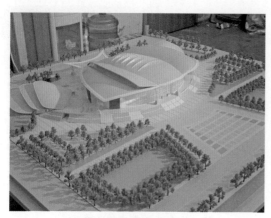

图 5-30　大连体育馆
方案模型　视角 1
材料:彩色 PVC 树脂薄板、ABS 板、树粉
制作工艺:雕刻机精细雕刻与人工制作相结合

图 5-31　大连体育馆
方案模型　视角 2
材料:彩色 PVC 树脂薄板、ABS 板、树粉
制作工艺:雕刻机精细雕刻与人工制作相结合

图 5-32　大连体育馆
方案模型　视角 1

材料：金属板、ABS 板、树粉、细木工板
制作工艺：雕刻机精细雕刻与人工制作相
结合

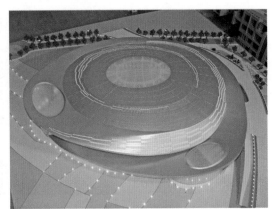

图 5-33　大连体育馆
方案模型　视角 2

材料：金属板、ABS 板、树粉、细木工板
制作工艺：雕刻机精细雕刻与人工制作相
结合

图 5-34　大连体育馆方案
方案模型

材料：PVC 树脂薄板、ABS 板、金属、细木
工板
制作工艺：雕刻机精细雕刻与人工制作相
结合

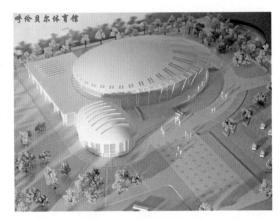

图 5-35　呼伦贝尔体育馆
方案模型

材料：PVC 树脂薄板、ABS 板、夹板、树粉
制作工艺：雕刻机精细雕刻与人工制作相
结合

图 5-36　某商业住宅区建筑
方案模型　视角 1

材料：ABS 板、细木工板、树粉
制作工艺：雕刻机精细雕刻与人工制作相结合

图 5-37　某商业住宅区建筑
方案模型　视角 2

材料：ABS 板、细木工板、树粉
制作工艺：雕刻机精细雕刻与人工制作相结合

二、表现类模型

1. 规划类

图 5-38　盛和天下居住区　规划模型　视角 1

材料：ABS 板、亚克力板、PVC 树脂薄板、树粉、草粉、草皮纸、细木工板
制作工艺：雕刻机精细雕刻与人工制作相结合

图 5-39   盛和天下居住区
规划模型   视角 2

材料：ABS 板、亚克力板、PVC 树脂薄板、树粉、草粉、草皮纸、细木工板

制作工艺：雕刻机精细雕刻与人工制作相结合

图 5-40   哈尔滨群力天地人和商住区
规划模型   视角 1

材料：ABS 板、亚克力板、树粉、草皮纸、细木工板

制作工艺：雕刻机精细雕刻与人工制作相结合

图 5-41   哈尔滨群力天地人和商住区
规划模型   视角 2

材料：ABS 板、亚克力板、树粉、草皮纸、细木工板

制作工艺：雕刻机精细雕刻与人工制作相结合

图 5-42   哈尔滨太平桥商住区
规划模型

材料：ABS 板、亚克力板、树粉、细木工板

制作工艺：雕刻机精细雕刻与人工制作相结合

图 5-43 金泰商住区
规划模型

材料：亚克力板、ABS 板、草粉、树粉、草皮纸、细木工板

制作工艺：雕刻机精细雕刻与人工制作相结合

图 5-44 上海国际航运中心洋山深水港
规划模型

材料：ABS 板、树粉、草粉、石膏、水泥、细木工板

制作工艺：雕刻机精细雕刻与人工制作相结合

图 5-45 南京江宁大学城
规划模型

材料：ABS 板、亚克力板、草粉、树粉、草皮纸、细木工板

制作工艺：雕刻机精细雕刻与人工制作相结合

图 5-46 哈尔滨爱建滨江
区域规划模型

材料：亚克力板、ABS 板、草粉、树粉、草皮纸、细木工板

制作工艺：雕刻机精细雕刻与人工制作相结合

2. 建筑类

图 5-47　泓林金色地标
区域规划模型

材料：亚克力板、ABS 板、草粉、树粉、草皮纸、细木工板

制作工艺：雕刻机精细雕刻与人工制作相结合

图 5-48　别墅
模型

材料：ABS 板、PVC 树脂薄板、草粉、树粉、细木工板

制作工艺：雕刻机精细雕刻与人工制作相结合

图 5-49　某别墅小区
建筑模型

材料：夹板、细木工板、树粉

制作工艺：雕刻机精细雕刻与人工制作相结合

图 5-50　金中海联排别墅
建筑模型

材料：ABS 板、草粉、树粉、细木工板

制作工艺：雕刻机精细雕刻与人工制作相结合

图 5-51　金中海居住区
建筑模型

材料：ABS 板、草粉、树粉、草皮纸、细木工板
制作工艺：雕刻机精细雕刻与人工制作相结合

图 5-52　某住宅小区
建筑模型

材料：夹板、细木工板、树粉
制作工艺：雕刻机精细雕刻与人工制作相结合

图 5-53　某住宅小区
建筑模型

材料：夹板、细木工板、树粉、玻璃
制作工艺：雕刻机精细雕刻与人工制作相结合

图 5-54　橄榄城商住区
建筑模型

材料：ABS 板、细木工板、树粉、草皮纸、草粉
制作工艺：雕刻机精细雕刻与人工制作相结合

图 5-55　公园历景居住区
建筑模型

材料：ABS 板、细木工板、树粉、草皮纸、草粉

制作工艺：雕刻机精细雕刻与人工制作相结合

图 5-56　佳木斯长安公寓
建筑模型

材料：ABS 板、细木工板、树粉、草皮纸、草粉

制作工艺：雕刻机精细雕刻与人工制作相结合

图 5-57　哈尔滨远大都市绿洲
建筑模型

材料：ABS 板、透明亚克力板、草粉、树粉、细木工板

制作工艺：雕刻机精细雕刻与人工制作相结合

图 5-58　哈尔滨远大都市绿洲
建筑模型

材料：ABS 板、透明亚克力板、草粉、树粉、细木工板

制作工艺：雕刻机精细雕刻与人工制作相结合

图 5-59 东北高科技广场
建筑模型 视角 1

材料：ABS 板、亚克力板、树粉、细木工板
制作工艺：雕刻机精细雕刻与人工制作
相结合

图 5-60 东北高科技广场
建筑模型 视角 2

材料：ABS 板、亚克力板、树粉、细木工板
制作工艺：雕刻机精细雕刻与人工制作
相结合

图 5-61 哈尔滨爱建铁通大厦
建筑模型

材料：ABS 板、彩色亚克力
板、草粉、树粉、细木工板
制作工艺：雕刻机精细雕刻
与人工制作相结合

图 5-62 黑河国际物流中心
建筑模型

材料：ABS 板、彩色亚克力板、草粉、树粉、草皮纸、
细木工板
制作工艺：雕刻机精细雕刻与人工制作相结合

图 5-63　新都汇商业广场
建筑模型

材料:ABS 板、亚克力板、成品树木、细木工板

制作工艺:雕刻机精细雕刻与人工制作相结合

图 5-64　万达国际广场
建筑模型

材料:ABS 板、彩色亚克力板、草粉、树粉、草皮纸、细木工板

制作工艺:雕刻机精细雕刻与人工制作相结合

图 5-65　东方莫斯科教堂

材料:ABS 板、透明亚克力板

制作工艺:雕刻机精细雕刻与人工制作相结合

图 5-66　中式建筑

材料:ABS 板、透明亚克力板

制作工艺:雕刻机精细雕刻与人工制作相结合

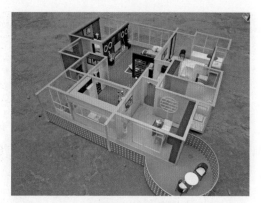

图 5-67　户型模型

材料:ABS 板、亚克力板、不干胶贴、布艺

制作工艺:雕刻机精细雕刻与人工制作相结合

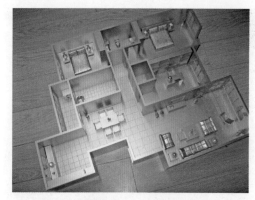

图 5-68　户型模型

材料:ABS 板

制作工艺:雕刻机精细雕刻与人工制作相结合

三、特殊用途类模型

图 5-69　松江新城区规划
展示模型

材料:ABS 板、亚克力板、草粉、树粉、
细木工板

制作工艺:雕刻机精细雕刻与人工
制作相结合

图 5-70　佘山风景区区域规划
展示模型

材料:ABS 板、石膏、草粉、树粉、夹板、细木工板

制作工艺:雕刻机精细雕刻与人工制作相结合

图 5-71　沈阳航空工业学院规划
展示模型

材料：ABS 板、三夹板、PVC 树脂薄板、树粉、细木工板

制作工艺：雕刻机精细雕刻与人工制作相结合

图 5-72　重大工程材料服役安全研究所
展示模型　视角 1

材料：ABS 板、亚克力板、树粉、细木工板

制作工艺：雕刻机精细雕刻与人工制作相结合

图 5-73　重大工程材料服役安全研究所
展示模型　视角 2

材料：ABS 板、亚克力板、树粉、细木工板

制作工艺：雕刻机精细雕刻与人工制作相结合

图 5-74　哈尔滨会国际展中心规划
展示模型

材料：ABS 板、亚克力板、草皮纸、细木工板

制作工艺：雕刻机精细雕刻与人工制作相结合

图 5-75　某商住区规划
展示模型

材料：水晶、夹板、树粉、草皮纸、细木工板
制作工艺：雕刻机精细雕刻与人工制作相
结合

图 5-76　中国古建筑
展示模型 1

材料：ABS 板、亚克力板、细木工板
制作工艺：雕刻机精细雕刻与人工制
作相结合

图 5-77　中国古建筑
展示模型 2

材料：ABS 板、亚克力板、草粉、细木工板
制作工艺：雕刻机精细雕刻与人工制作相
结合

图 5-78　唐城规划
展示模型

材料：ABS 板、亚克力板、草粉、草皮纸、细
木工板
制作工艺：雕刻机精细雕刻与人工制作相结合

图 5-79　某户型结构剖面
展示模型

材料:亚克力板、ABS 板、不干胶壁纸、布艺
制作工艺:雕刻机精细雕刻与人工制作相
结合

图 5-80　某户型布局
展示模型

材料:ABS 板、亚克力板、不干胶贴、布艺
制作工艺:雕刻机精细雕刻与人工制作
相结合

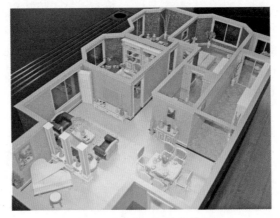

图 5-81　大庆锦江公馆户型布局
展示模型

材料:ABS 板、亚克力板、不干胶贴、布艺
制作工艺:雕刻机精细雕刻与人工制作相结合

四、工业类模型

1. 规划类

图 5-82　哈尔滨石油化工厂
规划模型

材料：ABS 板、金属、树粉、草粉、
草皮纸、细木工板
制作工艺：雕刻机精细雕刻与
人工制作相结合

图 5-83　大庆油田
规划模型

材料：ABS 板、金属、细木工板
制作工艺：雕刻机精细雕刻与人
工制作相结合

2. 建筑类

图 5-84　大庆油田
规划模型

材料：ABS 板、金属、石膏、树粉、草
粉、草皮纸、细木工板
制作工艺：雕刻机精细雕刻与人工
制作相结合

图 5-85　大庆油田
建筑模型

材料：ABS 板、金属、草皮纸、细木工板
制作工艺：雕刻机精细雕刻与人工
制作相结合

图 5-86　大庆油田
工作流程模型

材料：ABS 板、金属

制作工艺：雕刻机精细雕刻与人工制作相
结合

图 5-87　大庆油田
工作流程模型

材料：ABS 板、金属、草皮纸

制作工艺：雕刻机精细雕刻与人工制作相
结合

图 5-88　哈尔滨第一空调机械厂
结构模型

材料：金属、ABS 板、ABS 管

制作工艺：雕刻机精细雕刻与人工制作相
结合

图 5-89　哈尔滨第一空调机械厂
结构模型

材料：金属、ABS 板、ABS 管

制作工艺：雕刻机精细雕刻与人工制作相
结合

图 5-90　哈尔滨四方台拉索桥
展示模型

材料：ABS 板、金属丝、草粉、草皮、细木工板
制作工艺：雕刻机精细雕刻与人工制作相结合

第二节　本章小结

　　本章介绍了大量的优秀建筑模型作品，从沙盘的整体色调控制，到建筑局部细节表现；从宏观整体规划，到建筑局部设计，涵盖内容丰富。通过本章的介绍，使学生对建筑模型有一个更加全面、直观的了解，使其在今后建筑模型的制作道路上，思路更加宽阔，表现手法更加多样；为今后的学习与制作打下了良好的基础。

第三节　本章习题

思考题：

　　从本章优秀作品中任选两幅做简要文字分析。

参考文献

[1] 李映彤.建筑模型设计与制作[M].北京:中国轻工业出版社,2010.

[2] 黄源.建筑设计与模型制作——用模型推进设计的指导手册[M].北京:中国建筑工业出版社,2009.

[3] [美]米尔斯 著.李哲,肖蓉,译.设计结合模型——制作与使用建筑模型指导(第二版)[M].天津:天津大学出版社,2007.

[4] 刘宇.建筑与环境艺术模型制作[M].沈阳:辽宁科学技术出版社,2010.

后　记

　　"建筑模型设计与制作"是记录设计方案、展现设计作品的一种可视性语言。它不受时间、场地、工具及设备的制约,既可精细表现,亦可概念表达,其表现手法多样,是广大设计师和模型制作爱好者必不可缺的一门专业基础课。同时也是提高设计者自身设计能力的一个良好途径。

　　本书中大部分作品为作者近几年的教学成果,均由作者指导,学生课堂手工完成,在第五章优秀建筑模型案例中,大多数作品也是作者在哈尔滨建镜模型公司中参与制作完成。因此本书既立足于实践教学,使得本书通俗易懂;又着眼于社会实践,使得书中内容绝非空穴来风,有理可循、有据可依。

　　由于时间关系,在作品整理编写过程中难免存在许多问题和不足,特此恳请广大专业人士的批评和指导,以待今后工作的提高。

　　另外,在本书的编写过程中得到了哈尔滨建镜模型设计制作有限公司全体员工的鼎力支持,哈尔滨师范大学美术学院环艺系部分学生的友情帮助,以及清华大学出版社责任编辑彭欣老师为本书出版给予的大力支持。在此一并致谢!

运筹学（第4版）

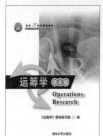

本书特色

经典教材，课件完备，多次重印，广受好评

教辅材料

课件

书号：9787302288794
作者：《运筹学》教材编写组
定价：58.00 元
出版日期：2012.8.31

任课教师，免费申请

运筹学（第4版）本科版

本书特色

经典教材，课件完备，多次重印，广受好评

教辅材料

课件

书号：9787302306412
作者：《运筹学》教材编写组
定价：48.00 元
出版日期：2012.11.30

任课教师，免费申请

运筹学习题集（第5版）

本书特色

名师大作。习题、解答和案例丰富，配套《运筹学教程》，最新改版。

获奖信息

"十二五"普通高等教育本科国家级规划教材

书号：9787302523987
作者：胡运权 主编
定价：45.00 元
出版日期：2019.3.1

任课教师，免费申请

管理决策模型与方法

本书特色

互联网＋形态教材，结构合理，形式丰富，课件齐全，便于教学

教辅材料

教学大纲、课件

书号：9787302508502
作者：金玉兰 沈元蕊
定价：45.00 元
出版日期：2019.6.1

任课教师，免费申请

管理信息系统（第6版）

本书特色

名师大作，经典管理信息系统教材，发行百万多册。

教辅材料

课件

获奖信息

"十二五"普通高等教育本科国家级规划教材

书号：9787302268574
作者：薛华成
定价：39.80 元
出版日期：2011.12.31

任课教师，免费申请

管理信息系统（第6版）简明版

本书特色

名师大作，经典管理信息系统教材，简明版更适合非信息管理专业学生。

教辅材料

课件

获奖信息

"十二五"普通高等教育本科国家级规划教材

书号：9787302330950
作者：薛华成
定价：35.00 元
出版日期：2013.7.31

任课教师，免费申请

管理信息系统：管理数字化公司（全球版 · 第12版）

本书特色

原汁原味，全球高校广泛采用，兼具权威性和新颖性，同时更加灵活和可定制化

教辅材料

课件题库

书号：9787302449706
作者：（美）肯尼思 · C. 劳顿 · 简 · P. 劳顿
定价：79.00 元
出版日期：2016.8.31

数据、模型与决策

本书特色

创新型教材，理论与实践兼备，课件资源丰富

教辅材料

课件

书号：9787302524731
作者：张晓冬、周晓光、李英姿
定价：49.00 元
出版日期：2019.3.1

信息技术应用基础教程（第二版）

本书特色

操作性强，简明实用，适合应用型本科及高职层次，数十所大学采用，广受欢迎

教辅材料

教学大纲、课件

书号：9787302527503
作者：丁韵梅、谭予星等
定价：48.80 元
出版日期：2019.6.1

信息管理学教程（第五版）

本书特色

经典教材，结构合理，多次改版

教辅材料

课件

书号：9787302526841
作者：杜栋
定价：48.00 元
出版日期：2019.3.1

运营管理（第二版）

本书特色

互联网＋形态教材，结构合理，形式丰富，课件齐全，便于教学

教辅材料

教学大纲、课件、教师指导手册、案例解析等

获奖信息

辽宁省"十二五"规划教材

书号：9787302531593
作者：主编 李新然 副主编 俞明南等
定价：49.00 元
出版日期：2019.8.1

现代生产管理学（第四版）

本书特色

经典的生产管理学教材，畅销多年不衰，课件齐全。

教辅材料

课件

书号：9787302491217
作者：潘家轺
定价：49.00 元
出版日期：2018.3.1

○ 管理科学工程 ○

质量管理学（第三版）

本书特色
畅销教材的最新修订版，内容
丰富，课件完备。

教辅材料
课件

书号：9787302499206
作者：刘广弟
定价：49.00 元
出版日期：2018.5.1

任课教师，免费申请

项目管理（第3版）

本书特色
"十二五"国家规划教材，根
据最新 PMBOK 更新改版，
理论结合应用。

教辅材料
课件

获奖信息
"十二五"普通高等教育本科
国家级规划教材

书号：9787302481287
作者：毕星
定价：29.00 元
出版日期：2017.11.1

任课教师，免费申请

项目管理

本书特色
实用性强，深入浅出，课件完
备。

教辅材料
课件

书号：9787302548737
作者：许鑫 姚占雷
定价：48.00 元
出版日期：20203.1

任课教师，免费申请

建设工程招投标与合同管理

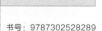

本书特色
创新型"互联网＋"教材，章
末增设在线测试习题，课件资
源丰富

教辅材料
课件

书号：9787302528289
作者：赵振宇
定价：45.00 元
出版日期：2019.6.1

任课教师，免费申请

ERP 原理与实施

本书特色
原理与实施相结合，内容全面
实用。

教辅材料
课件

书号：9787302470526
作者：金镭 沈庆宁
定价：42.00 元
出版日期：2017.6.1

任课教师，免费申请

运筹学教程（第5版）

本书特色
"十二五"国家规划教材。名
师大作，经典运筹学教材，课
件、习题等教辅资源完备，难
度适中，配套《运筹学习题
集》。

教辅材料
互联网＋形态教材、教学大纲、
课件、习题答案、试题库

获奖信息
"十二五"普通高等教育本科
国家级规划教材

书号：9787302481256
作者：胡运权 主编，郭耀煌 副主编
定价：59.00 元
出版日期：2018.7.1

任课教师，免费申请

技术经济学

本书特色

互联网＋形态教材、同济名师力作，体力新颖，案例和习题丰富，教辅配套齐全，适合教学。

教辅材料

课件

书号：9787302495246
作者：吴宗法，主编
定价：37.70元
出版日期：2018.9.1

任课教师，免费申请

软件项目管理（第二版）

本书特色

"互联网＋"创新型立体化教材，增设在线测试题，配套资源完备，附赠课件

教辅材料

课件、习题答案、案例解析

书号：9787302556831
作者：夏辉、徐朋、王晓丹、屈巍、杨伟吉、刘澍
定价：49.00元
出版日期：2020.7.15

任课教师，免费申请

生产计划与管控

本书特色

互联网＋形态教材、内容全面，深入简出，注重实践，教辅丰富。

教辅材料

教学大纲、课件、习题答案、案例解析

书号：9787302571643
作者：孔繁森
定价：79.00元
出版日期：2021.8.1

任课教师，免费申请